高等教育工程造价专业“十三五”规划系列教材

工程计价基础

GONGCHENG JIJIA JICHU

主　编⊙李云春　李敬民

副主编⊙高　波　刘　杨　段胜军

西南交通大学出版社

·成　都·

图书在版编目（CIP）数据

工程计价基础 / 李云春，李敬民主编. —成都：西南交通大学出版社，2016.8（2020.7 重印）
高等教育工程造价专业“十三五”规划系列教材
ISBN 978-7-5643-4972-1

Ⅰ. ①工… Ⅱ. ①李… ②李… Ⅲ. ①建筑工程 – 工程造价 – 高等学校 – 教材 Ⅳ. ①TU723.3

中国版本图书馆 CIP 数据核字（2016）第 201961 号

高等教育工程造价专业“十三五”规划系列教材

工程计价基础

主编　李云春　李敬民

责任编辑　杨　勇
封面设计　墨创文化

出版发行　西南交通大学出版社
（四川省成都市金牛区二环路北一段 111 号
西南交通大学创新大厦 21 楼）
发行部电话　028-87600564　028-87600533
邮政编码　610031
网　　址　http://www.xnjdcbs.com

印　　刷　成都蓉军广告印务有限责任公司
成品尺寸　185 mm × 260 mm
印　　张　13.25
字　　数　328 千
版　　次　2016 年 8 月第 1 版
印　　次　2020 年 7 月第 2 次
书　　号　ISBN 978-7-5643-4972-1
定　　价　30.00 元

课件咨询电话：028-81435775
图书如有印装质量问题　本社负责退换

序

21 世纪，中国高等教育发生了翻天覆地的变化，从相对数量上看中国已成为全球第一高等教育大国。

自 20 世纪 90 年代中国高校开始出现工程造价专科教育起，到 1998 年在工程管理本科专业中设置工程造价专业方向，再到 2003 年工程造价专业成为独立办学的本科专业，如今工程造价专业已走过了 25 个年头。

据天津理工大学公共项目与工程造价研究所的最新统计，截至 2014 年 7 月，全国约 140 所本科院校、600 所专科院校开设了工程造价专业。2014 年工程造价专业招生人数为本科生 11 693 人，专科生 66 750 人。

如此庞大的学生群体，导致工程造价专业师资严重不足，工程造价专业系列教材更显匮乏。由于工程造价专业发展迅猛，出版一套既能满足工程造价专业教学需要，又能满足本、专科各个院校不同需求的工程造价系列教材已迫在眉睫。

2014 年，由云南大学发起，联合云南省 20 余所高等学校成立了“云南省大学生工程造价与工程管理专业技能竞赛委员会”，在共同举办的活动中，大家感到了交流的必要和联合的力量。

感谢西南交通大学出版社的远见卓识，愿意为推动工程造价专业的教材建设搭建平台。2014 年下半年，经过出版社几位策划编辑与各院校反复地磋商交流，成立工程造价专业系列教材建设委员会的时机已经成熟。2015 年 1 月 10 日，在昆明理工大学新迎校区专家楼召开了第一次云南省工程造价专业系列教材建设委员会会议，紧接着召开了主参编会议，落实了系列教材的主参编人员，并在 2015 年 3 月，出版社与系列教材各主编签订了出版合同。

我认为，这是一件大事也是一件好事。工程造价专业缺教材、缺合格师资是我们面临的急需解决的问题。组织教师编写教材，一是可以解教材匮乏之急，二是通过编写教材可以培养教师或者实现其他专业教师的转型发展。教师是一个特殊的职业——是一个需要不断学习更新自我的职业，也是特别能接受新知识并传授新知识的一个特殊群体，只要任务明确，有社会需要，教师自会完成自身的转型发展。因此教材建设一举两得。

我希望：系列教材的各位主参编老师与出版社齐心协力，在一两年内完成这一套工程造价专业系列教材编撰和出版工作，为工程造价教育事业添砖加瓦。我也希望：各位主参编老师本着对学生负责、对事业负责的精神，对教材的编写精益求精，努力将每一本教材都打造成精品，为培养工程造价专业合格人才贡献力量。

中国建设工程造价管理协会专家委员会委员
云南省工程造价专业系列教材建设委员会主任 张建平
2015 年 6 月

前 言

《工程计价基础》是高等学校工程造价、工程管理、土木工程专业及其他相关专业的本、专科教材，也是建设、设计、施工和工程咨询等单位从事工程造价及其管理人员必备的基础知识。《工程计价基础》是依据建设部最新颁发的《建设工程工程量清单计价规范》（GB 50500—2013）、《建筑安装工程费用项目组成》（建标〔2013〕44号），以及2013版云南省造价计价依据等最新发布的有关标准规范和相关文件而编写的。主要内容包括：概论、工程造价构成、建筑工程定额、投资估算、设计预算、施工图预算（定额计价和工程量清单计价）、工程结算与竣工决算。

本书注重实际应用，通俗易懂，是后续课程“房屋建筑与装饰工程计量与计价”的基础。本书也可作为从事工程造价的专业人员的参考用书。

本书由云南农业大学建筑工程学院李云春和李敬民任主编，昆明学院城乡建设与工程管理学院高波、云南大学城市建设与管理学院刘杨、中国建设银行昆明东聚支行段胜军任副主编。具体分工如下：第1章、第4章由高波编写；第2章由刘杨编写；第3章由李敬民编写；第5章、第6章由李云春编写；第7章由段胜军编写。本书最终由李云春统稿完成。

在编写本书的过程中，编者参考了相关标准、规范和教材，谨此表示感谢。由于编者水平有限，本书定有疏漏或不足之处，敬请同行专家和广大作者批评指正。

编 者

2016年3月

前言

目　录

第 1 章　概　论 …… 1
1.1　基本建设 …… 1
1.2　工程造价 …… 7
1.3　工程计价 …… 8
1.4　课程体系 …… 12
习题与思考题 …… 13
第 2 章　工程造价构成 …… 14
2.1　概　述 …… 14
2.2　设备及工器具购置费的构成及计算 …… 17
2.3　建筑安装工程费的构成及计算 …… 22
2.4　工程建设其他费用的构成及计算 …… 30
2.5　预备费 …… 36
2.6　建设期利息 …… 37
习题与思考题 …… 38
第 3 章　工程定额原理 …… 41
3.1　概　述 …… 41
3.2　施工定额 …… 45
3.3　预算定额 …… 61
3.4　概算定额和概算指标 …… 79
3.5　投资估算指标 …… 84
习题与思考题 …… 88
第 4 章　投资估算 …… 90
4.1　概　述 …… 90
4.2　投资估算编制 …… 91
习题与思考题 …… 102

第 5 章　设计概算……103
5.1　概　述……103
5.2　设计概算的编制……104
习题与思考题……120
第 6 章　施工图预算……122
6.1　概　述……122
6.2　定额计价……124
6.3　建筑安装工程各项费用组成及计算……126
6.4　工程量清单计价……133
6.5　施工图预算的工料分析……177
习题与思考题……181
第 7 章　工程竣工结算与竣工决算……184
7.1　工程竣工结算……184
7.2　工程竣工决算……193
习题与思考题……199
参考文献……201

第1章 概 论

【学习目标】

1. 了解基本建设相关内容。
2. 熟悉工程计价相关知识。
3. 掌握工程造价相关的内容和特点。

1.1 基本建设

1.1.1 基本建设概念

基本建设是指投资建造固定资产和形成物质基础的经济活动。凡是固定资产扩大再生产的新建、扩建、改建及其与之有关的活动均称为基本建设。基本建设的实质是形成新的固定资产的经济活动。

固定资产是指在社会再生产过程中，可供生产或生活较长时间使用，在使用过程中基本保持原有实物形态的劳动资料或其他物质资料。如建筑物、构筑物、电气设备及运输设备等。固定资产按经济用途可分为生产性固定资产和非生产固定资产。

在我国会计制度中，凡称为固定资产的，应具备以下条件：

（1）使用期限在一年以上，单位价值在规定的限额以上（按企业规模大小分别规定）。

（2）使用期限在两年以上，单位价值在2 000元以上，但不属于劳动资料范围的非生产经营用房设备。

基本建设为发展社会生产力提供物质技术基础，为改善生活提供物质条件。基本建设是一种宏观的经济活动，它是通过建筑业的勘察、设计和施工等活动以及其他有关部门经经济活动来实现的，它横跨于国民经济各部门，既有非物质生产活动，又有物质生产活动。

1.1.2 基本建设内容

基本建设的内容基本建设的内容包括建筑工程、设备安装工程、设备购置、勘察与设计、其他基本建设工作。

建筑工程包括永久性和临时性的建筑物、构筑物、设备基础的建造，照明、水卫、暖通等设备的安装，建筑场地的清理、平整、排水，竣工后的整理、绿化，以及水利、铁路、公路、桥梁、电力线路、防空设施等的建设。

设备安装工程设备安装工程包括生产、电力、起重、运输、传动、医疗、实验等各种机器设备的安装，与设备相连的工作台、梯子等的装设，附属于被安装设备的管线敷设和设备的绝缘、保温油漆等，以及为测定安装质量对单个设备进行各种试运行的工作。

设备购置包括各种机械设备、电气设备和工具、器具的购置。

勘察和设计包括地质勘探、地形测量及工程设计方面的工作。

其他基本建设工作指除上述各项工作以外的各项基本建设工作，包括筹建机构、征用土地、培训工人及其他生产准备工作。

1.1.3 基本建设的分类

基本建设是由多个基本建设项目（简称建设项目）组成的。根据不同的分类标准，基本建设项目可大致分类如下。

1. 按建设项目建设的性质不同进行分类

（1）新建项目。新建项目是指新开始建的项目，或对原有建设单位重新进行总体设计，经扩大建设规模后，其新增加的固定资产价值超过原有固定资产价值 3 倍以上的建设项目。

（2）扩建项目。扩建项目是指原有建设单位，为了扩大原有主要产品的生产能力或效益，或增加新产品生产能力，在原有固定资产的基础上兴建一些主要车间或其他固定资产。

（3）改建项目。改建项目是指原有建设单位，为了提高生产效率，对原有设备、工艺流程进行技术改造的项目。

（4）迁建项目。迁建项目是指原有建设单位，由于各种原因迁到另外的地方建设的项目。

（5）恢复项目。恢复项目是指因重大自然灾害或战争而遭受破坏的固定资产，按原来规模重新建设或在建设同时进行扩建的项目。

2. 按建设项目建设过程的不同进行分类

（1）筹建项目。筹建项目是指在计划年度内，只做准备还不能开工的项目。

（2）施工项目。施工项目是指在继续施工的项目。

（3）投产项目。投产项目是指可以全部竣工并投产或交付使用的项目。

（4）收尾项目。收尾项目是指已经竣工投产或交付使用，设计能力全部达到，但还遗留少量扫尾工程的项目。

3. 按建设项目的用途不同进行分类

（1）生产性建设项目。生产性建设项目是指直接用于物质生产或满足物质生产需要的建设项目，它包括工业、农业、林业、水利、气象、交通运输、邮电通信、商业和物资供应设施建设以及地质资源勘探建设等。

（2）非生产性建设项目。非生产性建设项目是指用于人们物质和文化需要的建设项目，包括住宅建设、文教卫生建设、公用事业设施建设、科学实验研究以及其他非生产性建设项目。

4. 按项目资金来源渠道的不同进行分类

（1）国家投资的建设项目。国家投资的建设项目是指国家预算直接安排的投资项目。

（2）银行信用筹资的建设项目。银行信用筹资的建设项目是指通过银行信用方式进行贷款建设的项目。

（3）自筹投资的建设项目。自筹投资的建设项目是指国家预算计划以外的，各地区、各部门、各企事业单位按照财政制度提留、管理和自行分配用于固定资产再生产的资产进行建设的投资项目。

（4）引进外资的建设项目。引进外资的建设项目是指利用外资进行建设的项目。外资的来源有借用国外资金和吸引外国资本直接投资之分。

（5）资金市场筹资的建设项目。资金市场筹资的建设项目是指利用国家债券和社会集资而建设的项目。

5. 按建设项目投资规模的不同进行分类

基本建设项目可分为大、中、小型项目。其划分标准在各行业中不同，一般情况下，可按产品的设计能力或按其余部投资额进行划分。

1.1.4 基本建设项目的划分

基本建设工程，按照它组成的内容不同，从大到小，把一个建设项目划分为单项工程、单位工程、分部工程及分项工程等项目。这样划分，便于计算基本构成项目，汇总这些基本构成项目能准确地计算出工程造价。

1. 建设项目

建设项目是指按一个总体设计和总概预算书组织施工的一个或几个单项工程所组成的建设工程。在工业建设中，一般是以一座工厂为一个建设项目，如一座汽车厂、机械制造厂等；在民用建设中，一般是以一个事业单位，如一所学校、医院等为一个建设项目。它具有以下特点：

（1）具有独立的行政组织机构。

（2）是独立的经济实体。

（3）具有一个总体设计和总概预算。

一个建设项目中，可以有几个单项工程，也可以只有一个单项工程。

2. 单项工程

单项工程是建设项目的组成部分，是指在一个建设项目中，具有独立的设计文件和相应的概预算书，建成后可以独立发挥生产能力或使用效益的工程项目。例如，一座工厂的各个车间、办公楼、礼堂以及住宅等，一所学校中的教学楼、学生宿舍楼等。

单项工程是具有独立存在意义的一个完整的建筑及设备安装工程，也是一个很复杂的综合体。为了便于计算工程造价，单项工程仍需进一步分解为若干单位工程。

3. 单位工程

单位工程是单项工程的组成部分，是指具有独立的设计文件和相应的概预算书，可以独立组织施工和单独成为核算对象，但建成后一般不能单独进行生产或发挥效益的工程项目。如某车间是一个单项工程，该车间的土建工程是一个单位工程，该车间的设备工程也是一个单位工程等。任何一个单项工程都是由若干个不同专业的单位工程组成，这些单位工程可以归纳为建筑工程和设备安装工程两大类。

建筑设备安装工程是一个比较复杂的综合体，需要根据其中各组成部分的性能和作用，分解为若干单位工程。

（1）建筑工程通常包括下列单位工程：

① 一般土建工程。一切建筑物、构筑物的结构工程和装饰工程均属于土建工程。

② 电气照明工程。如室内外照明设备、灯具的安装，室内外线路敷设等工程。

③ 卫生工程。如给排水工程、采暖通风工程、卫生器具等工程。

④ 工业管道工程。如煤气、工业用水等管道工程。

（2）设备安装工程通常包括下列单位工程：

① 机构设备安装工程。如一台车床的机械安装、一台锅炉的安装等工程。

② 设备安装工程。如一台车床的电气设备安装调试工程。

每一个单位工程仍然是一个比较大的综合体，对单位工程还可以按工程的结构形式、工程部位等进一步划分为若干分部工程。

4. 分部工程

分部工程是单位工程的组成部分，是按单位工程结构形式、工程部位、构件性质、使用材料、设备种类等的不同而划分的工程项目。例如，一般土建工程可以划分为土石方工程、桩基础工程、脚手架工程、砖石工程、混凝土及钢筋混凝土工程、构件运输与安装工程、木作工程、楼地面工程、屋面工程、装饰工程、金属结构工程、构筑物工程等分部工程。

在分部工程中，影响工料消耗的因素仍然很多。例如，同样是砖石工程，由于工程部位（外墙、内墙及墙体厚度等）不同，则每一计量单位砖石工程所消耗的工料有差别。因此，还必须所分部工程按照不同的施工方法、不同的材料（设备）等，进一步划分为若干分项工程。

5. 分项工程

分项工程是分部工程的组成部分，是指用较为简单的过程就能完成的，以适当的计量单位就可以计算工料消耗的最基本构成项目，一般是按选用的施工方法、所使用材料及构件规格的不同等因素从分部工程中划分出来的。例如，砖石工程根据施工方法、材料种类及规格等因素不同，可进一步划分为：砖基础、内墙、外墙、女儿墙、空心砖墙、砖柱、小型砌体以及墙勾缝等分项工程。

分项工程是单位工程组成部分中最基本的构成因素。每个分项工程都可以用一定的计量单位（例如，墙的计量单位为 10 m^3，墙面勾缝的计量单位为 10 m^2）计算，并能求出完成相应计量单位分项工程所需消耗的人工、材料、机械台班的数量及预算价值，是预算消耗量定额基本构成单元。

综上所述，一个建设项目是由一个或几个单项工程组成的，一个单项工程是由几个单位工程组成的，一个单位工程又可以划分为若干分部工程，一个分部工程又可以划分成许多分项工程。其分解和组合示意见图 1.1。

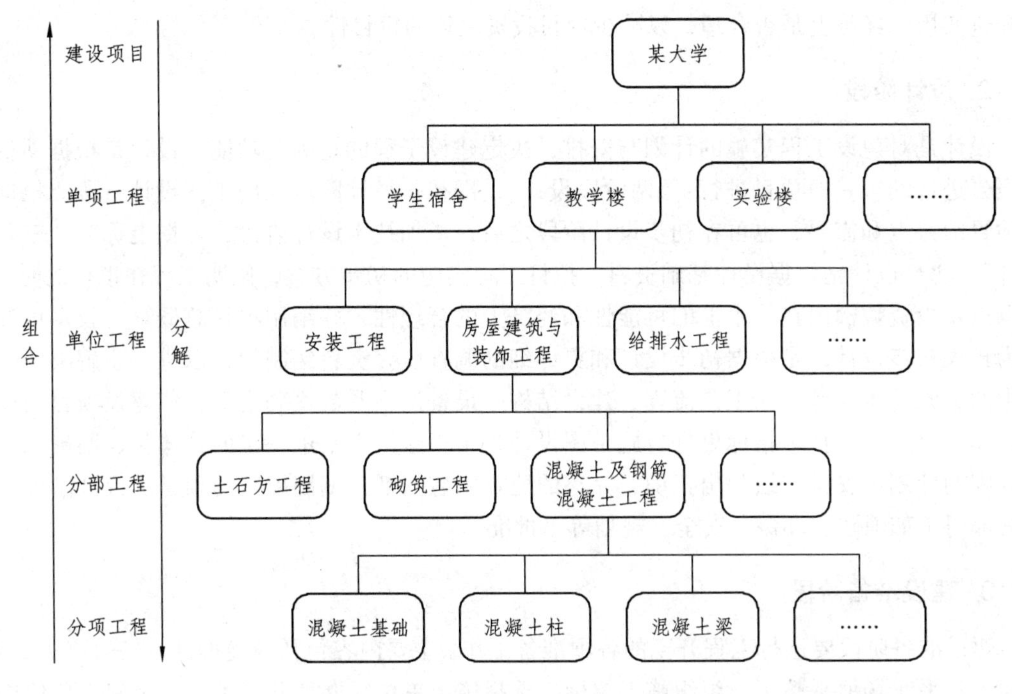

图 1.1 建设项目分解和组合示意图

建筑及设备安装工程造价的计算就是从最基本的构成因素开始的。首先，把建筑及设备安装工程的组成分解为简单的便于计算的基本构成项目；其次，根据国家现行统一规定的工程量计算规则和地方主管部门制订的完成一定计量单位相应的基本构成项目的单价，对每个基本构成项目逐一地计算出工程量及相应的价值；这些基本构成项目价值的总和就是建筑及设备安装工程直接费；再根据直接费（定额工资总额）和有关部门规定的各项费用标准计取间接费、计划利润和税金；上述各项费用总和即为建筑及设备安装工程造价。由此可见，对基本建设项目进行科学的分析与分解，有利于国家对基本建设工程造价的统一管理，便于建设工程概预算的编制。

1.1.5 基本建设程序

基本建设程序是指基本建设项目在整个建设过程中各项工作必须遵循的先后次序。我国的基本建设工程程序按现行的分法包括以下几个阶段：项目建议书阶段、可行性研究阶段、设计阶段、建设准备阶段、建设实施阶段和竣工验收阶段。实际上，随着我国调体制日趋成熟和深入，计划体制流传下来的项目建议书和可行性研究阶段可以合二为一，变成项目论证决策阶段。目前，许多省市已经取消了除国家投资项目、特别规定的项目、重大项目及外商投资项目外的项目建议书与可行性报告程序。

1. 项目论证决策阶段

项目论证决策阶段就是根据需要，在调查研究、分析的基础上，对拟建的建设项目进行投资决策前的技术经济研究论证。它的主要任务是收集有关资料，研究建设项目在技术上是否先进实用、经济上是否合理，以减少项目投资决策的盲目性。

2. 设计阶段

设计是对建设工程实施的计划与安排，决定建设工程的轮廓与功能。设计是根据项目论证报告进行的。一般项目进行："两阶段设计"，即初步设计阶段和施工图设计阶段。根据建设项目的特点和需要，也可在初步设计阶段之后，增加技术设计阶段，习惯上称为"三阶段设计"。初步设计是根据设计基础资料，拟订工程实施的初步方案，阐明工程在拟订的时间、地点以及投资数额内在技术上的可能性和经济上的合理性，并编制项目总概算。技术设计又称为扩大初步设计，是根据初步设计和更详细的调查研究资料编制的，以进一步解决初步设计中的重大技术问题，如工艺流程、建设结构、设备选型及数量确定等，使建设项目的设计更具体、更完善，技术指标更好。施工图设计是工程建设方案进一步的具体化、明确化，通过详细的计划和安排，绘制出正确、完整的建筑安装图纸并编制施工图预算。设计阶段应经有关部门（如消防、环保、安全、规划等）批准。

3. 建设准备阶段

建设准备阶段要进行工程开工的各项准备工作。主要内容包括征地拆迁、"三通（水、电、路通）一平（场地平整）"、组织施工招标、选择施工单位、办理开工手续以及施工单位进场等工作。

4. 建设实施阶段

建设实施阶段是项目实施、建成投产发挥投资效益的关键环节。开工建设的时间是指项目设计文件中规定的任何一项永久性工程第一次破土开槽开始施工的日期。不需要开槽的正式打桩的日期就是开工日期。铁路、公路、水库等以开始进行土石方工程作为正式开工日期。施工活动应按照设计要求、合同条款、预算投资、施工程序和顺序、施工组织进行设计，在保证质量、工期、成本计划等目标的前提下进行，达到竣工标准要求，经过验收后，移交给建设单位。

在建设实施阶段还要进行生产准备，适时地由建设单位组织专门班子或机构，进行包括招收、培训生产人员，落实原材料供应，组建生产管理机构，健全安全生产规章制度等。生产准备是由建设阶段转入经营阶段前的一项重要工作。

5. 竣工验收阶段

竣工验收阶段是建设项目全过程的最后一个程序，它是全面考核建设工作，检查工程是否符合设计要求和质量标准的重要环节，是投资成果转入生产或使用的标志。竣工验收可以是单项工程验收，也可以是全部工程验收。经验收合格的项目，写出工程验收报告，办理固定资产移交手续，然后交付使用。竣工验收对促进建设项目及时投产、发挥投资效果、总结建设经验都有重要作用。

1.2 工程造价

1.2.1 工程造价的含义

工程造价的直意就是工程的建造价格。在实际使用中，工程造价有如下两种含义。

1. 建设投资费用

建设投资费用即指广义的工程造价。从投资者或业主的角度来定义，工程造价是指有计划地建设某项工程，预期开支或实际开支的全部固定资产投资的费用。投资者选定一个投资项目，为了获得预期的效益，就要通过项目评估进行决策，然后进行设计招标、工程招标，直至竣工验收等一系列投资管理活动。在投资活动中所支付的全部费用形成了固定资产，所有这些开支就构成了工程造价。

根据国家发改委和建设部发布的《建设项目经济评价方法与参数（第三版）》（发改投资〔2006〕1325号文）的规定，建设投资包括工程费用、工程建设其他费用和预备费三部分。工程费用是指建设期内直接用于工程建造、设备购置及其安装的建设投资，可以分为建筑安装工程费和设备及工器具购置费；工程建设其他费用是指建设期发生的与土地使用权取得、整个工程项目建设以及未来生产经营有关的构成建设投资但不包括在工程费用中的费用；预备费是在建设期内为各种不可预见因素的变化而预留的可能增加的费用，包括基本预备费和价差预备费。

2. 工程建造价格

工程建造价格即指狭义的工程造价。从承包商、供应商、设计市场供给主体来定义，工程造价是指为建设某项工程，预计或实际在土地市场、设备市场、技术劳务市场、承包市场等交易活动中所形成的建筑安装工程费，是建设投资费用的组成部分之一。

工程造价的两种含义是对客观存在的概括。它们既共生于一个统一体，又相互区别。最主要的区别在于需求主体和供给主体在市场追求的经济利益不同，因而管理的性质和管理目标不同。站在投资者或业主的角度，降低工程造价是始终如一的追求。站在承包商角度，他们关注利润或者高额利润，会去追求较高的工程造价。不同的管理目标，反映他们不同的经济利益，但他们都要受那些支配价格运动的经济规律的影响和调节，他们之间的矛盾是市场的竞争机制和利益风险机制的必然反映。

1.2.2 工程造价的特点

1. 大额性

任何一项建设工程，不仅实物形态庞大，而且造价高昂，需投资几百万、几千万甚至上亿的资金。工程造价的大额性关系到多方面的经济利益，同时也对社会宏观经济产生重大影响。

2. 单个性

任何一项建设工程都有特殊的用途，其功能、用途各不相同，因而使得每一项工程的结构、造型、平面布置、设备配置和内外装饰都有不同的要求。工程内容和实物形态的个别差异决定了工程造价的单个性。

3. 动态性

任何一项建设工程从决策到竣工交付使用，都会有一个较长的建设周期，在这一期间中如工程变更、材料价格波动、费率变动都会引起工程造价的变动，直至竣工决算后才能最终确定工程的实际造价。建设周期长，资金的时间价值突出，这体现了工程造价的动态性。

4. 层次性

一项建设工程往往含有多个单项工程，一个单项工程又是由多个单位工程组成，与此相适应，工程造价也存在三个对应层次，即建设项目总造价、单项工程造价和单位工程造价，这就是工程造价的层次性。

5. 兼容性

一项建设工程往往包含有许多的工程内容，不同工程内容的组合、兼容就能适应不同的工程要求。工程造价是由多种费用以及不同工程内容的费用组合而成，具有很强的兼容性。

1.2.3 工程造价的作用

（1）工程造价是项目决策的依据。
（2）工程造价是制定投资计划和控制投资的依据。
（3）工程造价是筹集建设资金的依据。
（4）工程造价是评价投资效果的重要指标。

1.3 工程计价

1.3.1 工程计价的含义

工程计价是指对工程建设项目及其对象，即各种建筑物和构筑物建造费用的计算，也就是工程造价的计算。工程计价过程包括工程概预算、工程结算和竣工决算。

工程概预算（也称之为工程估价）是指工程建设项目在开工前，对所需的各种人力、物力资源及其资金的预先计算。其目的在于有效地确定和控制建设项目的投资，进行人力、物力、财力的准备，以保证工程项目的顺利进行。

工程结算和竣工决算是指工程建设项目在完工后，站在承包商或投资者或业主角度，对所消耗的各种人力、物力资源及资金的实际计算。

1.3.2 工程计价的特点

工程建设是一项特殊的生产活动，它有别于一般的工农业生产，具有周期长、消耗大、涉及面广、协作性强、建设地点固定、水文地质条件各异、生产过程单一、不能批量生产等特点。因此，工程建设的产品也就有了不同于一般的工农业产品的计价特点。

1. 单件性计价

每个建设产品都为特定的用途而建造，在结构、造型、材料选用、内部装饰、体积和面积等方面都会有所不同。建筑物要有个性，不能千篇一律，只能单独设计、单独建造。由于建造地点的地质情况不同，建造时人工材料的价格变动，使用者不同的功能要求，最终导致工程造价的千差万别。因此，建设产品的造价既不能像工业产品那样按品种、规格成批定价，也不能由国家、地方、企业规定统一的价格，只能是单件计价，只能由企业根据现实情况自主报价，由市场竞争形成价格。

2. 多次性计价

建设产品的生产过程是一个周期长、规模大、消耗多、造价高的投资生产活动，必须按照规定的建设程序分阶段进行。工程造价多次性计价的特点，表现在建设程序的每个阶段，都有相对应的计价活动，以便有效地确定与控制工程造价。同时，由于工程建设过程是一个由粗到细、由浅入深的渐进过程，工程造价的多次性计价也就成为一个对工程投资逐步细化、具体，最后接近实际的过程。

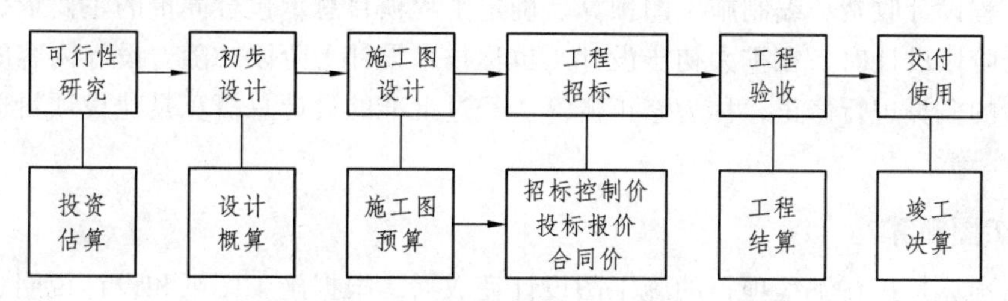

图 1.2 多次性计价与基本建设程序示意图

3. 组合性计价

每一工程项目都可以按照建设项目→单项工程→单位工程→分部工程→分项工程的层次分解，然后再按相反的秩序组合计价。工程计价的最小单元是分项工程或构配件，而工程计价的基本对象是单位工程，如建筑工程、装饰装修工程、安装工程、市政工程、公路工程等。每一个单位工程都应编制独立的工程造价文件，它是由若干个分项工程的造价组合而成的。单项工程的造价由若干个单位工程的造价汇总而成，建设项目的造价由若干个单项工程的造价汇总而成。

1.3.3 工程计价的作用

（1）工程计价是项目决策的工具。

（2）工程计价是制订投资计划和控制资源的有效工具。

（3）工程计价是筹集建设资金的依据。

（4）工程计价是合理效益分配和调节产业结构的手段。

（5）工程计价是承包商加强成本控制的依据。

（6）工程计价是评价投资效益的依据。

1.3.4 工程计价的分类

1. 根据建设程序进展阶段不同的分类

1）投资估算

投资估算是指在编制建设项目建议书和可行性研究阶段，对建设项目总投资的粗略估算，作为建设项目决策时一项重要的参考性经济指标，投资估算是判断项目可行性的重要依据之一；作为工程造价的目标限额，投资估算用于控制初步设计概算和整个工程的造价；投资估算也是编制投资计划、资金筹措和申请贷款的依据。

2）设计概算

设计概算是指在工程项目的初步设计阶段，根据初步设计文件和图纸、概算定额或概算指标及有关取费规定，对工程项目从筹建到竣工所应发生费用的概略计算。它是国家确定和控制基本建设投资额、编制基本建设计划、选择最优设计方案、推行限额设计的重要依据，也是计算工程设计收费、编制施工图预算、确定工程项目总承包合同价的主要依据。当工程项目采用三阶段设计时，在扩大初步设计（也称技术设计）阶段，随着设计内容的深化，应对初步设计的概算进行修正，称为修正概算。经过批准的设计总概算是建设项目造价控制的最高限额。

3）施工图预算

施工图预算是指在工程项目的施工图设计完成后，根据施工图纸和设计说明、预算定额或单位估价表、各种费用取费标准等，对工程项目应发生费用的较详细的计算。它是确定单位工程预算造价的依据，是确定工程招标控制价（或称拦标价）、投标报价、承包合同价的依据，是建设单位与施工单位拨付工程进度款和办理竣工结算的依据，也是施工企业编制施工组织设计、进行成本核算不可缺少的依据。

4）施工预算

施工预算是指由施工单位在中标后的开工准备阶段，根据施工定额（或企业定额）编制的内部预算。它是施工单位编制施工作业进度计划，实行定额管理、班组成本核算的依据，也是进行“两算对比”（即施工图预算与施工预算对比）的重要依据，是施工企业有效控制施工成本，提高企业经济效益的手段之一。

5）工程结算

工程结算是指在工程建设的收尾阶段，由施工单位根据影响工程造价的设计变更、工程量增减、项目增减、设备和材料价差，在承包合同约定的调整范围内，对合同价进行必要修正后形成的造价。经建设单位认可的工程结算是拨付和结清工程款的重要依据。工程结算价是该结算工程的实际建造价格。

6）竣工决算

竣工决算是指在建设项目通过竣工验收交付使用后，由建设单位编制的反映整个建设项目从筹建到竣工所发生全部费用的决算价格，竣工决算应包括建设项目产成品的造价、设备和工器具购置费用和工程建设的其他费用。它应当反映工程项目建成后交付使用的固定资产及流动资金的详细情况和实际价值，是建设项目的实际投资总额，可作为财产交接、考核交付使用的财产成本，以及使用部门建立财产明细账和登记新增固定资产价值的依据。

上述计价过程中，工程估价（含投资估算、设计概算、施工图预算、施工预算）是在工程开工前进行的，而工程结算和竣工决算是在工程完工后进行的。

2. 根据编制对象不同的分类

1）单位工程概预算

单位工程概预算，是指根据设计文件和图纸、结合施工方案和现场条件计算的工程量、概（预）算定额以及其他各项费用取费标准编制的，用于确定单位工程造价的文件。

2）工程建设其他费用概预算

工程建设其他费用概预算，是指根据有关规定应在建设投资中计取的，除建筑安装工程费用、设备购置费用、工器具及生产工具购置费、预备费以外的一切费用。工程建设其他费用概预算以独立的项目列入单项工程综合概预算或建设项目总概算中。

3）单项工程综合概预算

单项工程综合概预算，是由组成该单项工程的各个单位工程概预算汇编而成的，用于确定单项工程（建筑单体）工程造价的综合性文件。

4）建设项目总概预算

建设项目总概预算，是由组成该建设项目的各个单项工程综合概预算、设备购置费用、工器具及生产工具购置费、预备费及工程建设其他费用概预算汇编而成的，用于确定建设项目从筹建到竣工验收全部建设费用的综合性文件。

3. 根据单位工程专业分工不同的分类

（1）建筑工程概预算，含土建工程及装饰工程。

（2）装饰工程概预算，专指二次装饰装修工程。

（3）安装工程概预算，含建筑电气照明、给排水、暖气空调等设备安装工程。

（4）市政工程概预算。

（5）仿古及园林建筑工程概预算。

（6）修缮工程概预算。

（7）煤气管网工程概预算。

（8）抗震加固工程概预算。

1.4 课程体系

1.4.1 本课程的定位

《工程计价基础》是高等学校工程造价、工程管理、土木工程专业及其他相关专业的本、专科教材。《工程计价基础》是为适应现在建设工程招投标及工程造价管理改革的需要，建立在建设部新颁发的《建设工程工程量清单计价规范》(GB 50500—2013)，《建筑安装工程费用项目组成》(建标〔2013〕44号)，2013版云南省造价计价依据等最新发布的有关标准规范和相关文件基础上而编写的。

本课程是工程造价专业人才培养方案的核心课程，是编制投资估算、设计概算、施工图预算、招标控制价、投标报价、工程竣工结(决)算的理论基础。本书可作为建设、设计、施工和工程咨询等单位从事工程造价的专业人员的参考用书。本书主要内容包括：概论、工程造价构成、建筑工程定额、投资估算、设计概算、施工图预算(定额计价和工程量清单计价)、工程结算与竣工决算。

1.4.2 计价课程体系

本计价课程体系主要有“房屋建筑与装饰工程计量与计价”“房屋建筑与装饰工程计量与定额应用”“房屋建筑与装饰工程清单计价”“安装工程计量与计价”“安装工程计量与定额应用”“安装工程清单计价”“园林绿化工程计量与计价”“市政工程计量与计价”“城市轨道交通工程计量与计价”“水利水电工程计量与计价”“公路工程计量与计价”等课程。

1.4.3 与后续课程的关系

工程造价系列课程“工程制图与识图”“土木工程材料”“房屋建筑学”“建筑力学”“建筑结构”“钢结构工程”“工程经济学”“建筑施工组织与管理”“建设工程法规”是工程计价的基础，“土木工程施工”是工程计价列项的依据，“房屋建筑与装饰工程计量与计价”“安装工程计量与计价”“园林绿化工程计量与计价”“市政工程计量与计价”“工程造价软件应用”“招投标与合同管理”“工程造价管理”是“工程计价基础”的后续课程。

1.4.4 本课程学习指导

本课程是一门理论性要求高、实践性强的课程，结合了云南省现行建设工程造价计价依据、云南省现行消耗量定额编制而成，具有鲜明的地域特色，其时效性、实用性、针对性更强。在学习过程中，学生应该理论联系实际，掌握相关的计价依据和基础知识，通过课程设计实战演练，提高实践动手能力。

习题与思考题

1. 基本建设的概念是什么？主要包括哪些内容？
2. 基本建设如何分类？
3. 基本建设项目如何划分？
4. 基本建设程序的概念是什么？基本建设程序包括哪几个阶段？
5. 工程造价特点是什么？工程造价作用是什么？
6. 工程计价作用是什么？如何分类？

第 2 章　工程造价构成

【学习目标】

1. 掌握我国建设项目投资以及造价的构成、设备及工器具购置费的构成、建筑安装工程费用的构成、价差预备费的计算以及建设期利息的计算。

2. 熟悉工程建设其他费用的构成、基本预备费的构成及计算。

3. 了解国外建设工程造价的构成。

2.1　概　述

2.1.1　我国建设项目投资及工程造价的构成

建设项目总投资是为完成工程项目建设并达到使用要求或生产条件，在建设期内预计或实际投入的全部费用总和。生产性建设项目总投资包括建设投资、建设期利息和流动资金三部分；非生产性建设项目总投资包括建设投资和建设期利息两部分。

其中建设投资和建设期利息之和对应于固定资产投资，固定资产投资与建设项目的工程造价在量上相等。工程造价基本构成包括用于购买工程项目所含各种设备的费用，用于建筑施工和安装施工所需支出的费用，用于委托工程勘察设计应支付的费用，用于购置土地所需的费用，也包括用于建设单位自身进行项目筹建和项目管理所花费的费用等。总之，工程造价是按照确定的建设内容、建设规模、建设标准、功能要求和使用要求等将工程项目全部建成，在建设期预计或实际支出的建设费用。

工程造价中的主要构成部分是建设投资，建设投资是为完成工程项目建设，在建设期内投入且形成现金流出的全部费用。根据国家发展和改革委员会与住房和城乡建设部发布的《建设项目经济评价方法与参数（第三版）》（发改投资〔2006〕1325 号）的规定，建设投资包括工程费用、工程建设其他费用和预备费三部分。工程费用是指建设期内直接用于工程建造、设备购置及其安装的建设投资，可以分为建筑安装工程费和设备及工器具购置费；工程建设其他费用是指建设期发生的与土地使用权取得、整个工程项目建设以及未来生产经营有关的构成建设投资但不包括在工程费用中的费用；预备费是在建设期内为各种不可预见因素的变化而预留的可能增加的费用，包括基本预备费和价差预备费。建设项目总投资的具体构成内容如图 2.1 所示。

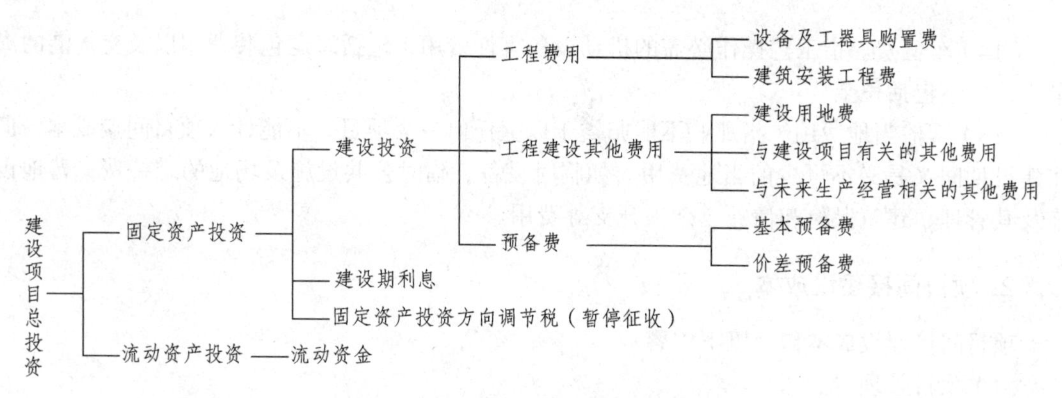

图 2.1 我国建设项目总投资的构成

2.1.2 国外建设工程造价构成

国外各个国家的建设工程造价构成虽然有所不同，但具有代表性的是世界银行、国际咨询工程师联合会对建设工程造价构成的规定。这些国际组织对工程项目的总建设成本（相当于我国的工程造价）作了统一规定，工程项目总建设成本包括直接建设成本、间接建设成本、应急费和建设成本上升费等。各部分详细内容如下。

1. 项目直接建设成本

项目直接建设成本包括以下内容：

（1）土地征购费。

（2）场外设施费用。如道路、码头、桥梁、机场、输电线路等设施费用。

（3）场地费用。指用于场地准备、厂区道路、铁路、围栏、场内设施等的建设费用。

（4）工艺设备费。指主要设备、辅助设备及零配件的购置费用，包括海运包装费用、交货港离岸价，但不包括税金。

（5）设备安装费。指设备供应商的监理费用，本国劳务及工资费用，辅助材料、施工设备、消耗品和工具等费用，以及安装承包商的管理费和利润等。

（6）管道系统费用。指与系统的材料及劳务相关的全部费用。

（7）电气设备费。其内容与第4项类似。

（8）电气安装费。指设备供应商的监理费用，本国劳务与工资费用，辅助材料、电缆管道和工具费用，以及营造承包商的管理费和利润。

（9）仪器仪表费。指所有自动仪表、控制板、配线和辅助材料的费用以及供应商的监理费用、外国或本国劳务及工资费用、承包商的管理费和利润。

（10）机械的绝缘和油漆费。指与机械及管道的绝缘和油漆相关的全部费用。

（11）工艺建筑费。指原材料、劳务费以及与基础、建筑结构、屋顶、内外装修、公共设施有关的全部费用。

（12）服务性建筑费用。其内容与第11项相似。

（13）工厂普通公共设施费。包括材料和劳务费以及与供水、燃料供应、通风、蒸汽发生及分配、下水道、污物处理等公共设施有关的费用。

（14）车辆费。指工艺操作必需的机动设备零件费用，包括海运包装费用以及交货港的离岸价，但不包括税金。

（15）其他当地费用。指那些不能归类于以上任何一个项目，不能计入项目间接成本，但在建设期间又是必不可少的当地费用。如临时设备、临时公共设施及场地的维持费，营地设施及其管理、建筑保险和债券、杂项开支等费用。

2. 项目间接建设成本

项目间接建设成本包括以下内容：

（1）项目管理费。

① 总部人员的薪金和福利费，以及用于初步和详细工程设计、采购、时间和成本控制、行政和其他一般管理的费用。

② 施工管理现场人员的薪金、福利费和用于施工现场监督、质量保证、现场采购、时间及成本控制、行政及其他施工管理机构的费用。

③ 零星杂项费用，如返工、旅行、生活津贴、业务支出等。

④ 各种酬金。

（2）开工试车费。指工厂投料试车必需的劳务和材料费用。

（3）业主的行政性费用。指业主的项目管理人员费用及支出。

（4）生产前费用。指前期研究、勘测、建矿、采矿等费用。

（5）运费和保险费。指海运、国内运输、许可证及佣金、海洋保险、综合保险等费用。

（6）地方税。指地方关税、地方税及对特殊项目征收的税金。

3. 应急费

应急费包括以下内容：

（1）未明确项目的准备金。

此项准备金用于在估算时不可能明确的潜在项目，包括那些在做成本估算时因为缺乏完整、准确和详细的资料而不能完全预见和不能注明的项目，并且这些项目是必须完成的，或它们的费用是必定要发生的。在每一个组成部分中均单独以一定的百分比确定，并作为估算的一个项目单独列出。此项准备金不是为了支付工作范围以外可能增加的项目，不是用以应付天灾、非正常经济情况及罢工等情况，也不是用来补偿估算的任何误差，而是用来支付那些几乎可以肯定要发生的费用。因此，它是估算不可缺少的一个组成部分。

（2）不可预见准备金。

此项准备金（在未明确项目准备金之外）用于在估算达到了一定的完整性并符合技术标准的基础上，由物质、社会和经济的变化导致估算增加的情况。此种情况可能发生，也可能不发生。因此，不可预见准备金只是一种储备，可能不动用。

4. 建设成本上升费用

通常，估算中使用的构成工资率、材料和设备价格基础的截止日期就是“估算日期”。必须对该日期或已知成本基础进行调整，以补偿直至工程结束时的未知价格增长。工程的各个主要组成部分（国内劳务和相关成本、本国材料、外国材料、本国设备、外国设备、项目管理机构）的细目划分决定以后，便可确定每一个主要组成部分的增长率。这个增长率是一项判断因素。它以已发表的国内和国际成本指数、公司记录等为依据，并与实际供应商进行核对，然后根据确定的增长率和从工程进度表中获得的各主要组成部分的中点值，计算出每项主要组成部分的成本上升值。

2.2 设备及工器具购置费的构成及计算

设备及工器具购置费用是由设备购置费和工具、器具及生产家具购置费组成的，它是固定资产投资中的积极部分。在生产性工程建设中，设备及工器具购置费用占工程造价比重的增大，意味着生产技术的进步和资本有机构成的提高。

2.2.1 设备购置费的构成及计算

设备购置费是指购置或自制的达到固定资产标准的设备、工器具及生产家具等所需的费用。它由设备原价和设备运杂费构成。

$$设备购置费 = 设备原价 + 设备运杂费 \tag{2.1}$$

式中：设备原价指国产设备或进口设备的原价；设备运杂费指除设备原价之外的关于设备采购、运输、途中包装及仓库保管等方面支出费用的总和。

1. 国产设备原价的构成及计算

国产设备原价一般指的是设备制造厂的交货价，或订货合同价。它一般根据生产厂或供应商的询价、报价、合同价确定，或采用一定的方法计算确定。国产设备原价分为国产标准设备原价和国产非标准设备原价。

1）国产标准设备原价

国产标准设备是指按照主管部门颁布的标准图纸和技术要求，由我国设备生产厂批量生产的，符合国家质量检测标准的设备。国产标准设备原价有两种，即带有备件的原价和不带有备件的原价。在计算时，一般采用带有备件的原价。国产标准设备一般有完善的设备交易市场，因此可通过查询相关交易市场价格或向设备生产厂家询价得到国产标准设备原价。

2）国产非标准设备原价

国产非标准设备是指国家尚无定型标准，各设备生产厂不可能在工艺过程中采用批量生产，只能按订货要求并根据具体的设计图纸制造的设备。非标准设备由于单件生产、无定型标准，所以无法获取市场交易价格，只能按其成本构成或相关技术参数估算其价格。非标准设备原价有多种不同的计算方法，如成本计算估价法、系列设备插入估价法、分部组合估价法、定额估价法等。但无论采用哪种方法都应该使非标准设备计价接近实际出厂价，并且计算方法要简便。成本计算估价法是一种比较常用的估算非标准设备原价的方法。按成本计算估价法，非标准设备的原价详见表 2.1。

表 2.1　非标准设备原价的构成及计算规则汇总表

序号	费用	计算方法
1	材料费	材料净重×（1+加工损耗系数）×每吨材料综合价
2	加工费	设备总质量（吨）×设备每吨加工费
3	辅助材料费	设备总质量×辅助材料费指标
4	专用工具费	（1+2+3）× *a*%
5	废品损失费	（1+2+3+4）× *b*%
6	外购配套件费	按图纸设计的参数购买的价格 + 运杂费
7	包装费	（1+2+3+4+5+6）× *c*%
8	利润	[（1+2+3+4+5）+ 7] × *d*%
9	税金（增值税）	（1+2+3+4+5+6+7+8）×*e*%-进项税额
10	非标设计费	按国家规定的设计费标准计算

因此，单台非标准设备原价可以用公式（2.2）表示：

单台非标准设备原价= {[（材料费 + 加工费 + 辅助材料费）×（1 +专用工具费率）×（1 + 废品损失费率）+ 外购配套件费] ×（1 + 包装费率）- 外购配套件费}×（1+ 利润率）+ 销项税额 + 非标准设备设计费　（2.2）

【例 2.1】某工厂采购一台国产非标准设备，制造厂生产该台设备所用材料费 20 万元，加工费 2 万元，辅助材料费 4 000 元，制造厂为制造该设备，在材料采购过程中发生进项增值税额 3.5 万元。专用工具费率 1.5%，废品损失费率 10%，外购配套件费 5 万元，包装费率 1%，利润率为 7%，增值税率为 17%，非标准设备设计费 2 万元，求该国产非标准设备的原价。

【解】为了使解题思路更加清晰，建议使用表 2.1 的形式，过程如表 2.2。

表 2.2　某工厂采购国产非标准设备计算表

序号	费用	计算方法/万元
1	材料费	20
2	加工费	2
3	辅助材料费	0.4
4	专用工具费	（20 + 2 + 0.4）× 1.5% = 0.336
5	废品损失费	（20 + 2 + 0.4 + 0.336）× 10% = 2.274
6	外购配套件费	5
7	包装费	（20 + 2 + 0.4 + 0.336 + 2.274 + 5）× 1% = 0.3
8	利润	（20 + 2 + 0.4 + 0.336 + 2.274+ 0.3）×7% = 1.772
9	税金（增值税）	（20+2+0.4+0.336+2.274+5+0.3+1.772）×17% = 5.454
10	非标设计费	2
合计		20+2+0.4+0.336+2.274+5+0.3+1.772+5.454+2=39.536

2. 进口设备原价的构成及计算

1）离岸价、运费在内价、到岸价、抵岸价

通常情况下，进口设备的价格分为离岸价、运费在内价、到岸价、抵岸价，它们之间的关系如图 2.2 所示。

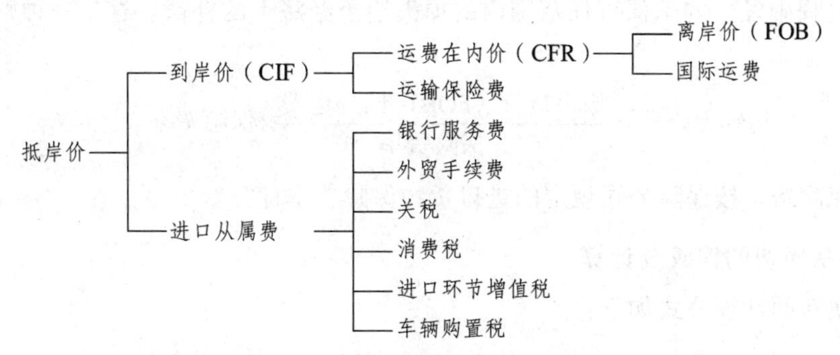

图 2.2 进口设备原价构成示意图

离岸价、运费在内价、到岸价，它们之间的区别主要体现在买卖双方对货价、运费以及运输保险费的分担上，具体见表 2.3。

表 2.3 离岸价、运费在内价、到岸价的异同点一览表

<table>
<tr><th colspan="2">异同点</th><th>货价</th><th>国际运费</th><th>运输保险费</th></tr>
<tr><td rowspan="3">不同点</td><td>离岸价</td><td>卖方</td><td colspan="2">买方</td></tr>
<tr><td>运费在内价</td><td colspan="2">卖方</td><td>买方</td></tr>
<tr><td>到岸价</td><td colspan="3">卖方</td></tr>
<tr><td rowspan="2">相同点</td><td>卖方</td><td colspan="3">① 出口清关；官方手续；
② 按时送货；指定船只；通知买方；
③ 提供发票及电子单证</td></tr>
<tr><td>买方</td><td colspan="3">① 准备船只；通知卖方；
② 进口事宜；相关手续
③ 受领单证；支付货款</td></tr>
</table>

2）进口设备到岸价的构成与计算

进口设备到岸价的计算公式如下：

进口设备到岸价（CIF）= 离岸价格（FOB）+ 国际运费 + 运输保险费

= 运费在内价（CFR）+ 运输保险费 （2.3）

（1）货价。一般指装运港船上交货价（FOB）。设备货价分为原币货价和人民币货价，原币货价一律折算为美元表示，人民币货价按原币货价乘以外汇市场美元兑换人民币汇率中间价确定。进口设备货价按有关生产厂商询价、报价、订货合同价计算。

（2）国际运费。即从装运港（站）到达我国目的港（站）的运费。我国进口设备大部分采用海洋运输，小部分采用铁路运输，个别采用航空运输。进口设备国际运费计算公式为：

国际运费（海、陆、空）= 原币货价（FOB）× 运费率 （2.4）

$$国际运费（海、陆、空）= 单位运价 \times 运量 \tag{2.5}$$

其中，运费率或单位运价参照有关部门或进出口公司的规定执行。

（3）运输保险费。对外贸易货物运输保险是由保险人（保险公司）与被保险人（出口人或进口人）订立保险契约，在被保险人交付议定的保险费后，保险人根据保险契约的规定对货物在运输过程中发生的承保责任范围内的损失给予经济上的补偿。这是一种财产保险。计算公式为：

$$运输保险费 = \frac{原币货价（FOB）+国外运费}{1-保险费率} \times 保险费率 \tag{2.6}$$

其中，保险费率按保险公司规定的进口货物保险费率计算。

3）进口从属费的构成及计算

进口从属费的计算公式如下：

$$\begin{aligned}进口从属费 = &银行财务费+外贸手续费+关税+消费税+\\&进口环节增值税+车辆购置税\end{aligned} \tag{2.7}$$

（1）银行财务费。一般是指在国际贸易结算中，中国银行为进出口商提供金融结算服务所收取的费用，可按下式简化计算：

$$银行财务费 = 离岸价格（FOB）\times 人民币外汇汇率 \times 银行财务费率 \tag{2.8}$$

（2）外贸手续费。指按规定的外贸手续费率计取的费用，外贸手续费率一般取 1.5%。计算公式为：

$$外贸手续费 = 到岸价格（CIF）\times 人民币外汇汇率 \times 外贸手续费率 \tag{2.9}$$

（3）关税。由海关对进出国境或关境的货物和物品征收的一种税。计算公式为：

$$关税 = 到岸价格（CIF）\times 人民币外汇汇率 \times 进口关税税率 \tag{2.10}$$

到岸价格作为关税的计征基数时，通常又可称为关税完税价格。进口关税税率分为优惠和普通两种。优惠税率适用于与我国签订关税互惠条款的贸易条约或协定的国家的进口设备；普通税率适用于与我国未签订关税互惠条款的贸易条约或协定的国家的进口设备。进口关税税率按我国海关总署发布的进口关税税率计算。

（4）消费税。仅对部分进口设备（如轿车、摩托车等）征收，一般计算公式为：

$$应纳消费税税额 = \frac{到岸价格（CIF）\times 人民币外汇汇率+关税}{1-消费税税率} \times 消费税税率 \tag{2.11}$$

其中，消费税税率根据规定的税率计算。

（5）进口环节增值税。这是对从事进口贸易的单位和个人，在进口商品报关进口后征收的税种。我国增值税条例规定，进口应税产品均按组成计税价格和增值税税率直接计算应纳税额。即：

$$进口环节增值税额 = 组成计税价格 \times 增值税税率 \tag{2.12}$$

$$组成计税价格 = 关税完税价格+关税+消费税 \tag{2.13}$$

增值税税率根据规定的税率计算。

（6）车辆购置税。进口车辆需缴进口车辆购置税，其公式如下：

$$进口车辆购置税 =（关税完税价格+关税+消费税）\times 车辆购置税率 \quad (2.14)$$

【例 2.2】 从某国进口设备，质量 1 000 吨，装运港船上交货价为 400 万美元，工程建设项目位于国内某省会城市。如果国际运费标准为 300 美元/吨，海上运输保险费率为 3‰，银行财务费率为 5‰，外贸手续费率为 1.5%，关税税率为 22%，增值税的税率为 17%，消费税税率 10%，银行外汇牌价为 1 美元 = 6.3 元人民币，对该设备的原价进行估算。

【解】进口设备 FOB = 400×6.3 = 2 520（万元）

国际运费= 300 × 1 000 × 6.3 = 189（万元）

$$海运保险费 = \frac{2\,520 + 289}{1-0.3\%} \times 0.3\% = 8.15（万元）$$

CIF = 2 520 + 189 + 8.15 = 2 717.15（万元）

银行财务费 = 2 520 × 5‰ = 12.6（万元）

外贸手续费 = 2 717.15 × 1.5% = 40.76（万元）

关税 = 2 717.15 × 22% = 597.77（万元）

$$消费税 = \frac{2\,717.15 + 597.77}{1-10\%} \times 10\% = 368.32（万元）$$

增值税=（2 717.15 + 597.77 + 368.32）× 17% = 626.15（万元）

进口从属费 = 12.6 +40.76 + 597.77 + 368.32 + 626.15 = 1 645.6（万元）

进口设备原价 = 2 717.15 + 1 645.6 = 4 362.75（万元）

3. 设备运杂费的构成及计算

设备运杂费是指国内采购设备自来源地、国外采购设备自到岸港运至工地仓库或指定堆放地点发生的采购、运输、运输保险、保管、装卸等费用。通常由下列各项构成：

（1）运费和装卸费。国产设备由设备制造厂交货地点起至工地仓库（或施工组织设计指定的需要安装设备的堆放地点）止所发生的运费和装卸费；进口设备则由我国到岸港口或边境车站起至工地仓库（或施工组织设计指定的需安装设备的堆放地点）止所发生的运费和装卸费。

（2）包装费。在设备原价中没有包含的，为运输而进行的包装支出的各种费用。

（3）设备供销部门的手续费。按有关部门规定的统一费率计算。

（4）采购与仓库保管费。指采购、验收、保管和收发设备所发生的各种费用，包括设备采购人员、保管人员和管理人员的工资、工资附加费、办公费、差旅交通费，设备供应部门办公和仓库所占固定资产使用费、工具用具使用费、劳动保护费、检验试验费等。这些费用可按主管部门规定的采购与保管费费率计算。

设备运杂费按下式计算：

$$设备运杂费=设备原价 \times 设备运杂费率 \quad (2.15)$$

式中，设备运杂费率按各部门及省、市有关规定计取。

2.2.2 工具、器具及生产家具购置费的构成及计算

工器具及生产家具购置费，是指新建或扩建项目初步设计规定的，保证初期正常生产必须购置的没有达到固定资产标准的设备、仪器、工卡模具、器具、生产家具和备品备件等的购置费用。一般以设备购置费为计算基数，按照部门或行业规定的工具、器具及生产家具费率计算。计算公式为：

$$\text{工器具及生产家具购置费} = \text{设备购置费} \times \text{定额费率} \quad (2.16)$$

2.3 建筑安装工程费的构成及计算

2.3.1 建筑安装费用的构成

1. 建筑工程费用的内容

（1）各类房屋建筑工程和列入房屋建筑工程预算的供水、供暖、卫生、通风、煤气等设备费用及其装设、油饰工程的费用，列入建筑工程预算的各种管道、电力、电信和电缆导线敷设工程的费用。

（2）设备基础、支柱、工作台、烟囱、水塔、水池、灰塔等建筑工程以及各种炉窑的砌筑工程和金属结构工程的费用。

（3）为施工而进行的场地平整，工程和水文地质勘察，原有建筑物和障碍物的拆除以及施工临时用水、电、气、路和完工后的场地清理，环境绿化、美化等工作的费用。

（4）矿井开凿、井巷延伸、露天矿剥离，石油、天然气钻井，修建铁路、公路、桥梁、水库、堤坝、灌渠及防洪等工程的费用。

2. 安装工程费用的内容

（1）生产、动力、起重、运输、传动和医疗、实验等各种需要安装的机械设备的装配费用，与设备相连的工作台、梯子、栏杆等设施的工程费用，附属于被安装设备的管线敷设工程费用，以及被安装设备的绝缘、防腐、保温、油漆等工作的材料费和安装费。

（2）为测定安装工程质量，对单台设备进行单机试运转、对系统设备进行系统联动无负荷试运转工作的调试费。

2.3.2 按费用构成要素划分建筑安装工程费用项目的构成和计算

根据我国住房城乡建设部、财政部颁布的“关于印发《建筑安装工程费用项目组成》的通知”（建标〔2013〕44 号文），按照费用构成要素划分，建筑安装工程费包括：人工费、材料费、施工机具使用费、企业管理费、利润、规费和税金。

1. 人工费

建筑安装工程费中的人工费，是指按照工资总额构成规定，支付给直接从事建筑安装工程施工作业的生产工人和附属生产单位工人的各项费用，人工费主要包括：计时工资或计件工资、奖金、津贴补贴、加班加点工资、特殊情况下支付的工资。计算人工费的基本要素有两个，即人工工日消耗量和人工日工资单价。

（1）人工工日消耗量。这是指在正常施工生产条件下，生产建筑安装产品（分部分项工程或结构构件）必须消耗的某种技术等级的人工工日数量。它由分项工程所综合的各个工序劳动定额包括的基本用工、其他用工两部分组成。

（2）人工日工资单价。这是指施工企业平均技术熟练程度的生产工人在每工作日（国家法定工作时间内）按规定从事施工作业应得的日工资总额。

人工费的基本计算公式为：

$$人工费 = \sum(工日消耗量 \times 日工资单价) \tag{2.17}$$

2. 材料费

建筑安装工程费中的材料费，是指工程施工过程中耗费的各种原材料、辅助材料、构配件、零件、半成品或成品、工程设备的费用。计算材料费的基本要素是材料消耗量和材料单价。

（1）材料消耗量。材料消耗量是指在合理使用材料的条件下，生产建筑安装产品（分部分项工程或结构构件）必须消耗的一定品种、规格的原材料、辅助材料、构配件、零件、半成品或成品等的数量。它包括材料净用量和材料不可避免的损耗量。

（2）材料单价。材料单价是指建筑材料从其来源地运到施工工地仓库直至出库形成的综合平均单价，其内容包括材料原价（或供应价格）、材料运杂费、运输损耗费、采购及保管费等。

材料费的基本计算公式为：

$$材料费 = \sum(材料消耗量 \times 材料单价) \tag{2.18}$$

（3）工程设备。这是指构成或计划构成永久工程一部分的机电设备、金属结构设备、仪器装置及其他类似的设备和装置。

3. 施工机具使用费

建筑安装工程费中的施工机具使用费，是指施工作业所发生的施工机械、仪器仪表使用费或其租赁费。

（1）施工机械使用费。这是指施工机械作业发生的使用费或租赁费。构成施工机械使用费的基本要素是施工机械台班消耗量和机械台班单价。施工机械使用费的基本计算公式为：

$$施工机械使用费 = \sum(施工机械台班消耗量 \times 机械台班单价) \tag{2.19}$$

施工机械台班单价通常由折旧费、大修理费、经常修理费、安拆费及场外运输费、人工费、燃料动力费和税费组成。

（2）仪器仪表使用费。这是指工程施工所需使用的仪器仪表的摊销及维修费用。仪器仪表使用费的基本计算公式为：

$$仪器仪表使用费 = 工程使用的仪器仪表摊销费 + 维修费 \tag{2.20}$$

4. 企业管理费

企业管理费是指建筑安装企业组织施工生产和经营管理所需的费用。内容包括：

（1）管理人员工资。这是指按规定支付给管理人员的计时工资、奖金、津贴补贴、加班加点工资及特殊情况下支付的工资等。

（2）办公费。这是指企业管理办公用的文具、纸张、账表、印刷、邮电、书报、办公软件、现场监控、会议、水电、烧水和集体取暖降温（包括现场临时宿舍取暖降温）等费用。

（3）差旅交通费。这是指职工因公出差、调动工作的差旅费、住勤补助费，市内交通费和误餐补助费，职工探亲路费，劳动力招募费，职工退休、退职一次性路费，工伤人员就医路费，工地转移费以及管理部门使用的交通工具的油料、燃料等费用。

（4）固定资产使用费。这是指管理和试验部门及附属生产单位使用的属于固定资产的房屋、设备、仪器等的折旧、大修、维修或租赁费。

（5）工具用具使用费。这是指企业施工生产和管理使用的不属于固定资产的工具、器具、家具、交通工具和检验、试验、测绘、消防用具等的购置、维修和摊销费。

（6）劳动保险和职工福利费。这是指由企业支付的职工退职金、按规定支付给离休干部的经费，集体福利费、夏季防暑降温补贴、冬季取暖补贴、上下班交通补贴等。

（7）劳动保护费。这是企业按规定发放的劳动保护用品的支出，如工作服、手套、防暑降温饮料以及在有碍身体健康的环境中施工的保健费用等。

（8）检验试验费。这是指施工企业按照有关标准规定，对建筑以及材料、构件和建筑安装物进行一般鉴定、检查所发生的费用，包括自设试验室进行试验所耗用的材料等费用。不包括新结构、新材料的试验费，对构件做破坏性试验及其他特殊要求检验试验的费用和建设单位委托检测机构进行检测的费用，对此类检测发生的费用，由建设单位在工程建设其他费用中列支。但对施工企业提供的具有合格证明的材料进行检测不合格的，该检测费用由施工企业支付。

（9）工会经费。这是指企业按《工会法》规定的全部职工工资总额比例计提的工会经费。

（10）职工教育经费。这是指按职工工资总额的规定比例计提，企业为职工进行专业技术和职业技能培训，专业技术人员继续教育、职工职业技能鉴定、职业资格认定以及根据需要对职工进行各类文化教育所发生的费用。

（11）财产保险费。这是指施工管理用财产、车辆等的保险费用。

（12）财务费。这是指企业为施工生产筹集资金或提供预付款担保、履约担保、职工工资支付担保等所发生的各种费用。

（13）税金。这是指企业按规定缴纳的房产税、车船使用税、土地使用税、印花税等。

（14）其他。包括技术转让费、技术开发费、投标费、业务招待费、绿化费、广告费、公证费、法律顾问费、审计费、咨询费、保险费等。

企业管理费一般采用取费基数乘以费率的方法计算，取费基数有三种，分别是：以分部分项工程费为计算基础、以人工费和机械费合计为计算基础及以人工费为计算基础。企业管理费费率计算方法如下：

（1）以分部分项工程费为计算基础。

$$企业管理费费率(\%)=\frac{生产工人年平均管理费}{年有效施工天数\times人工单价}\times人工费占分部分项工程费比例 \quad (2.21)$$

（2）以人工费和机械费合计为计算基础。

$$企业管理费费率(\%)=\frac{生产工人年平均管理费}{年有效施工天数\times(人工单价+每一工日机械使用费)}\times100\% \quad (2.22)$$

（3）以人工费为计算基础。

$$企业管理费费率(\%)=\frac{生产工人年平均管理费}{年有效施工天数\times人工单价}\times100\% \quad (2.23)$$

5. 利　润

利润是指施工企业完成所承包工程获得的盈利，由施工企业根据企业自身需求并结合建筑市场实际自主确定。工程造价管理机构在确定计价定额中利润时，应以定额人工费或定额人工费与机械费之和作为计算基数，其费率根据历年积累的工程造价资料，并结合建筑市场实际确定，以单位（单项）工程测算，利润在税前建筑安装工程费的比重可按不低于5%且不高于7%费率计算。利润应列入分部分项工程和措施项目费中。

6. 规　费

规费是指按国家法律、法规规定，由省级政府和省级有关权力部门规定必须缴纳或计取的费用。主要包括社会保险费、住房公积金和工程排污费。

（1）社会保险费。包括：

① 养老保险费：企业按规定标准为职工缴纳的基本养老保险费。

② 失业保险费：企业按照国家规定标准为职工缴纳的失业保险费。

③ 医疗保险费：企业按照规定标准为职工缴纳的基本医疗保险费。

④ 生育保险费：企业按照国家规定为职工缴纳的生育保险费。

⑤ 工伤保险费：企业按照国务院制定的行业费率为职工缴纳的工伤保险费。

（2）住房公积金：企业按规定标准为职工缴纳的住房公积金。

（3）工程排污费：企业按规定缴纳的施工现场工程排污费。

$$\begin{aligned}&社会保险费和住房公积金\\&=\sum(工程定额人工费\times社会保险费和住房公积金费率)\end{aligned} \quad (2.24)$$

工程排污费，应按工程所在地环境保护等部门规定的标准缴纳，按实计取列入。

其他应列而未列入的规费，按实际发生计取列入。

7. 税　金

建筑安装工程税金是指国家税法规定的应计入建筑安装工程费用的营业税，城市维护建设税、教育费附加及地方教育费附加。

1）营业税

营业税是按计税营业额乘以营业税税率确定。其中建筑安装企业营业税税率为3%。

计算公式为:

$$\text{应纳营业税} = \text{计税营业额} \times 3\% \tag{2.25}$$

计税营业额是含税营业额，指从事建筑、安装、修缮、装饰及其他工程作业收取的全部收入，包括建筑、修缮、装饰工程所用原材料及其他物资和动力的价款。当安装的设备的价值作为安装工程产值时，亦包括所安装设备的价款。但建筑安装工程总承包人将工程分包或转包给他人的，其营业额中不包括付给分包或转包方的价款。营业税的纳税地点为应税劳务的发生地。

2）城市维护建设税

城市维护建设税是为筹集城市维护和建设资金，稳定和扩大城市、乡镇维护建设的资金来源，而对有经营收入的单位和个人征收的一种税。城市维护建设税是按应纳营业税额乘以适用税率确定，计算公式为:

$$\text{应纳税额} = \text{应纳营业税额} \times \text{适用税率} \tag{2.26}$$

城市维护建设税的纳税地点在市区的，其适用税率为营业税的 7%；所在地为县镇的，其适用税率为营业税的 5%，所在地为农村的，其适用税率为营业税的 1%。城建税的纳税地点与营业税纳税地点相同。

3）教育费附加

教育费附加是按应纳营业税额乘以 3%确定，计算公式为:

$$\text{应纳税额} = \text{应纳营业税额} \times 3\% \tag{2.27}$$

建筑安装企业的教育费附加要与其营业税同时缴纳。即使办有职工子弟学校的建筑安装企业，也应当先缴纳教育费附加，教育部门可根据企业的办学情况，酌情返还给办学单位，作为对办学经费的补助。

4）地方教育附加

地方教育附加通常是按应纳营业税额乘以 2%确定，各地方有不同规定的，应遵循其规定，计算公式为:

$$\text{应纳税额} = \text{应纳营业税额} \times 2\% \tag{2.28}$$

地方教育附加应专项用于发展教育事业，不得从地方教育附加中提取或列支征收或代征手续费。

5）税金的综合计算

在工程造价的计算过程中，上述税金通常一并计算。由于营业税的计税依据是含税营业额，城市维护建设税、教育费附加和地方教育费附加的计税依据是应纳营业税额，而在计算税金时，往往已知条件是税前造价，即人工费、材料费、施工机具使用费、企业管理费、利润、规费之和。因此税金的计算往往需要将税前造价先转化为含税营业额，再按相应的公式计算缴纳税金。

为了简化计算，可以直接将三种税合并为一个综合税率，按下式计算应纳税额:

$$\text{应纳税额} = \text{税前造价} \times \text{综合税率}(\%) \tag{2.29}$$

综合税率的计算因纳税地点所在地的不同而不同。

（1）纳税地点在市区的企业综合税率为：3.48%。

（2）纳税地点在县城、镇的企业综合税率为：3.41%。

（3）纳税地点不在市区、县城、镇的企业综合税率为：3.28%。

（4）实行营业税改增值税的，按纳税地点现行税率计算。

【例2.3】某市建筑公司承建某县政府办公楼，工程税前造价为1 000万元，求该施工企业应缴纳的营业税、城市维护建设税、教育费附加和地方教育附加分别是多少？

【解】项目所在地为某县，因此，综合税率为3.41%。

税金 = 1 000×3.41% = 34.1（万元）

含税造价 = 1 000 + 34.1 = 1 034.1（万元）

应缴纳的营业税 = 1 034.1 × 3% = 31.023（万元）

应缴纳的城市维护建设税 = 31.023 × 5% = 1.551（万元）

应缴纳教育费附加 = 31.023 × 3% = 0.931（万元）

应缴纳地方教育附加 = 31.023 × 2% = 0.620（万元）

2.3.3 按造价形成划分建筑安装工程费用项目的构成和计算

根据我国住房城乡建设部、财政部颁布的“关于印发《建筑安装工程费用项目组成》的通知”（建标【2013】44 号文），建筑安装工程费按照工程造价形成由分部分项工程费、措施项目费、其他项目费、规费和税金组成。

1. 分部分项工程费

分部分项工程费是指各专业工程的分部分项工程应予列支的各项费用。各类专业工程的分部分项工程划分应遵循现行国家或行业计量规范的规定。分部分项工程费通常用分部分项工程量乘以综合单价进行计算。综合单价包括人工费、材料费、施工机具使用费、企业管理费和利润，以及一定范围的风险费用。

$$\text{分部分项工程费} = \sum(\text{分部分项工程量} \times \text{综合单价}) \qquad (2.30)$$

2. 措施项目费

措施项目费是指为完成建设工程施工，发生于该工程施工前和施工过程中的技术、生活、安全、环境保护等方面的费用。措施项目及其包含的内容应遵循各类专业工程的现行国家或行业计量规范。以《房屋建筑与装饰工程工程量计算规范》GB 50854—2013 中的规定为例，措施项目费可以归纳为以下几项：

（1）安全文明施工费。这是指工程施工期间按照国家现行的环境保护、建筑施工安全、施工现场环境与卫生标准和有关规定，购置和更新施工安全防护用具及设施、改善安全生产条件和作业环境所需要的费用。通常由环境保护费、文明施工费、安全施工费、临时设施费组成。

（2）夜间施工增加费。这是指因夜间施工所发生的夜班补助费、夜间施工降效、夜间施工照明设备摊销及照明用电等费用。

（3）非夜间施工照明费。这是指为保证工程施工正常进行，在地下室等特殊施工部位施工时所采用的照明设备的安拆、维护及照明用电等费用。

（4）二次搬运费。这是指由于施工场地条件限制而发生的材料、成品、半成品等一次运输不能达到堆放地点，必须进行二次或多次搬运的费用。

（5）冬雨季施工增加费。这是指在冬季或雨季施工需增加的临时设施、防滑、排除雨雪，人工及施工机械效率降低等费用。

（6）地上、地下设施、建筑物的临时保护设施费。这是指在工程施工过程中，对已建成的地上、地下设施和建筑物进行的遮盖、封闭、隔离等必要保护措施所发生的费用。

（7）已完工程及设备保护费。这是指竣工验收前，对已完工程及设备采取的覆盖、包裹、封闭、隔离等必要保护措施所发生的费用。

（8）脚手架费。这是指施工需要的各种脚手架搭、拆、运输费用以及脚手架购置费的摊销（或租赁）费用。

（9）混凝土模板及支架（撑）费。这是指混凝土施工过程中需要的各种钢模板、木模板、支架等的支拆、运输费用及模板、支架的摊销（或租赁）费用。

（10）垂直运输费。这是指现场所用材料、机具从地面运至相应高度以及职工人员上下工作面等所发生的运输费用。

（11）超高施工增加费。当单层建筑物檐口高度超过 20 m，多层建筑物超过 6 层时，可计算超高施工增加费。

（12）大型机械设备进出场及安拆费。这是指机械整体或分体自停放场地运至施工现场或由一个施工地点运至另一个施工地点，所发生的机械进出场运输及转移费用及机械在施工现场进行安装、拆卸所需的人工费、材料费、机械费、试运转费和安装所需的辅助设施的费用。

（13）施工排水、降水费。这是指将施工期间有碍施工作业和影响工程质量的水排到施工场地以外，以及防止在地下水位较高的地区开挖深基坑出现基坑浸水，地基承载力下降，在动水压力作用下还可能引起流砂、管涌和边坡失稳等现象而必须采取有效的降水和排水措施的费用。该项费用由成井和排水、降水两个独立的费用项目组成。

（14）其他。根据项目的专业特点或所在地区不同，可能会出现其他的措施项目。如工程定位复测费和特殊地区施工增加费等。

按照有关专业计量规范规定，措施项目分为应予计量的措施项目和不宜计量的措施项目两类。

第一类：应予计量的措施项目。基本与分部分项工程费的计算方法相同，公式为：

$$\text{措施项目费}=\sum(\text{措施项目工程量}\times\text{综合单价}) \tag{2.31}$$

不同的措施项目其工程量的计算单位是不同的，具体详见表 2.4。

第二类：不宜计量的措施项目。

对于不宜计量的措施项目，通常用计算基数乘以费率的方法予以计算。

（1）安全文明施工费。计算公式为：

$$\text{安全文明施工费}=\text{计算基数}\times\text{安全文明施工费费率}(\%) \tag{2.32}$$

表 2.4 可计量的措施项目计算方法及单位一览表

名 称	计算方法	单位
脚手架费	建筑面积或垂直投影面积	m^2
混凝土模板及支架（撑）费	按照模板与现浇混凝土构件的接触面积	
超高施工增加费 （人机降效、加压水泵、通信设备）	按照建筑物超高部分的建筑面积 （单层：檐高>20 m；多层：层数>6 层）	
垂直运输费	按照建筑面积	
	按照施工工期日历天数	天
大型机械设备进出场及安拆费	按照机械设备的使用数量	台次
施工排水、降水费	成井费用：按照设计图示尺寸以钻孔深度	m
	排水、降水费用：按照排、降水日历天数	昼夜

计算基数应为定额基价（定额分部分项工程费+定额中可以计量的措施项目费）、定额人工费或定额人工费与机械费之和，其费率由工程造价管理机构根据各专业工程的特点综合确定。

（2）其余不宜计量的措施项目。包括夜间施工增加费，非夜间施工照明费，二次搬运费，冬雨季施工增加费，地上、地下设施、建筑物的临时保护设施费，已完工程及设备保护费等。计算公式为：

$$措施项目费 = 计算基数 \times 措施项目费费率（\%） \tag{2.33}$$

计算基数应为定额人工费或定额人工费与定额机械费之和，其费率由工程造价管理机构根据各专业工程特点和调查资料综合分析后确定。

3. 其他项目费

1）暂列金额

暂列金额是指建设单位在工程量清单中暂定并包括在工程合同价款中的一笔款项。用于施工合同签订时尚未确定或者不可预见的所需材料、工程设备、服务的采购，施工中可能发生的工程变更、合同约定调整因素出现时的工程价款调整以及发生的索赔、现场签证确认等的费用。暂列金额由建设单位根据工程特点，按有关计价规定估算，施工过程中由建设单位掌握使用、扣除合同价款调整后如有余额，归建设单位。

2）计日工

计日工是指在施工过程中，施工企业完成建设单位提出的施工图纸以外的零星项目或工作所需的费用。计日工由建设单位和施工企业按施工过程中的签证计价。

3）总承包服务费

总承包服务费是指总承包人为配合、协调建设单位进行的专业工程发包，对建设单位自行采购的材料、工程设备等进行保管以及施工现场管理、竣工资料汇总整理等服务所需的费用。总承包服务费由建设单位在招标控制价中根据总包服务范围和有关计价规定编制，施工企业投标时自主报价，施工过程中按签约合同价执行。

4. 规费和税金

规费和税金的构成和计算与按费用构成要素划分建筑安装工程费用项目组成部分是相同的。

2.4 工程建设其他费用的构成及计算

2.4.1 建设用地费

任何一个建设项目都固定于一定地点与地面相连接，必须占用一定量的土地，也就必然要发生为获得建设用地而支付的费用，这就是建设用地费。它是指为获得工程项目建设土地的使用权而在建设期内发生的各项费用，包括通过划拨方式取得土地使用权而支付的土地征用及迁移补偿费，或者通过土地使用权出让方式取得土地使用权而支付的土地使用权出让金。

1. 建设用地取得的基本方式

建设用地的取得，实质是依法获取国有土地的使用权。根据我国《房地产管理法》规定，获取国有土地使用权的基本方式有两种：一是出让方式，二是划拨方式。建设土地取得的其他方式还包括租赁和转让方式。

1）通过出让方式获取国有土地使用权

国有土地使用权出让，是指国家将国有土地使用权在一定年限内出让给土地使用者，由土地使用者向国家支付土地使用权出让金的行为。土地使用权出让最高年限按下列用途确定：

（1）居住用地 70 年。

（2）工业用地 50 年。

（3）教育、科技、文化、卫生、体育用地 50 年。

（4）商业、旅游、娱乐用地 40 年。

（5）综合或者其他用地 50 年。

通过出让方式获取国有土地使用权又可以分成两种具体方式：一是通过招标、拍卖、挂牌等竞争出让方式获取国有土地使用权，二是通过协议出让方式获取国有土地使用权。

第一种：通过竞争出让方式获取国有土地使用权。

具体的竞争方式又包括三种：投标、竞拍和挂牌。按照国家相关规定，工业（包括仓储用地，但不包括采矿用地）、商业、旅游、娱乐和商品住宅等各类经营性用地，必须以招标、拍卖或者挂牌方式出让；上述规定以外用途的土地的供地计划公布后，同一宗地有两个以上意向用地者的，也应当采用招标、拍卖或者挂牌方式出让。

第二种：通过协议出让方式获取国有土地使用权。

按照国家相关规定，出让国有土地使用权，除依照法律、法规和规章的规定应当采用招标、拍卖或者挂牌方式外，方可采取协议方式。以协议方式出让国有土地使用权的出让金不得低于按国家规定所确定的最低价。协议出让底价不得低于拟出让地块所在区域的协议出让最低价。

2）通过划拨方式获取国有土地使用权

国有土地使用权划拨，是指县级以上人民政府依法批准，在土地使用者缴纳补偿、安置等费用后将该幅土地交付其使用，或者将土地使用权无偿交付给土地使用者使用的行为。国家对划拨用地有着严格的规定，下列建设用地，经县级以上人民政府依法批准，可以以划拨方式取得：

（1）国家机关用地和军事用地。

（2）城市基础设施用地和公益事业用地。

（3）国家重点扶持的能源、交通、水利等基础设施用地。

（4）法律、行政法规规定的其他用地。

依法以划拨方式取得土地使用权的，除法律、行政法规另有规定外，没有使用期限的限制。因企业改制、土地使用权转让或者改变土地用途等不再符合以上规定的，应当实行有偿使用。

2. 建设用地取得的费用

建设用地如通过行政划拨方式取得，则须承担征地补偿费用或对原用地单位或个人的拆迁补偿费用；若通过市场机制取得，则不但承担以上费用，还须向土地所有者支付有偿使用费，即土地出让金。

1）征地补偿费用

建设征用土地费用由以下几个部分构成：

（1）土地补偿费。

土地补偿费是对农村集体经济组织因土地被征用而造成的经济损失的一种补偿。征用耕地的补偿费，为该耕地被征前三年平均年产值的 6 ~ 10 倍。征用其他土地的补偿费标准，由省、自治区、直辖市参照征用耕地的补偿费标准规定。土地补偿费归农村集体经济组织所有。

（2）青苗补偿费和地上附着物补偿费。

青苗补偿费是因征地时对其正在生长的农作物受到损害而做出的一种赔偿。在农村实行承包责任制后，农民自行承包土地的青苗补偿费应付给本人，属于集体种植的青苗补偿费可纳入当年集体收益。凡在协商征地方案后抢种的农作物、树木等，一律不予补偿。地上附着物是指房屋、水井、树木、涵洞、桥梁、公路、水利设施、林木等地面建筑物、构筑物、附着物等。视协商征地方案前地上附着物价值与折旧情况确定，应根据“拆什么，补什么；拆多少，补多少，不低于原来水平”的原则确定。如附着物产权属个人，则该项补助费付给个人。地上附着物的补偿标准，由省、自治区、直辖市规定。

（3）安置补助费。

安置补助费应支付给被征地单位和安置劳动力的单位，作为劳动力安置与培训的支出，以及作为不能就业人员的生活补助。征收耕地的安置补助费，按照需要安置的农业人口数计算。需要安置的农业人口数，按照被征收的耕地数量除以征地前被征收单位平均每人占有耕地的数量计算。每一个需要安置的农业人口的安置补助费标准，为该耕地被征收前三年平均年产值的 4 ~ 6 倍。但是，每公顷被征收耕地的安置补助费，最高不得超过被征收前三年平均年产值的 15 倍。土地补偿费和安置补助费，尚不能使需要安置的农民保持原有生活水平的，经省、自治区、直辖市人民政府批准，可以增加安置补助费。但是，土地补偿费和安置补助费的总和不得超过土地被征收前三年平均年产值的30倍。

（4）新菜地开发建设基金。

新菜地开发建设基金指征用城市郊区商品菜地时支付的费用。这项费用交给地方财政，作为开发建设新菜地的投资。菜地是指城市郊区为供应城市居民蔬菜，连续 3 年以上常年种菜或者养殖鱼、虾等的商品菜地和精养鱼塘。一年只种一茬或因调整茬口安排种植蔬菜的，均不作为需要收取开发基金的菜地。征用尚未开发的规划菜地，不缴纳新菜地开发建设基金。在蔬菜产销放开后，能够满足供应，不再需要开发新菜地的城市，不收取新菜地开发基金。

（5）耕地占用税。

耕地占用税是对占用耕地建房或者从事其他非农业建设的单位和个人征收的一种税收，目的是合理利用土地资源、节约用地，保护农用耕地。耕地占用税征收范围，不仅包括占用耕地，还包括占用鱼塘、园地、菜地及其农业用地建房或者从事其他非农业建设，均按实际占用的面积和规定的税额一次性征收。其中，耕地是指用于种植农作物的土地。占用前三年曾用于种植农作物的土地也视为耕地。

（6）土地管理费。

土地管理费主要作为征地工作中所发生的办公、会议、培训、宣传、差旅、借用人员工资等必要的费用。土地管理费的收取标准，一般是在土地补偿费、青苗费、地面附着物补偿费、安置补助费四项费用之和的基础上提取 2%～4%。如果是征地包干，还应在四项费用之和后再加上粮食价差、副食补贴、不可预见费等费用，在此基础上提取 2%～4%作为土地管理费。

2）拆迁补偿费用

在城市规划区内国有土地上实施房屋拆迁，拆迁人应当对被拆迁人给予补偿、安置。

（1）拆迁补偿。

拆迁补偿的方式可以实行货币补偿，也可以实行房屋产权调换。

货币补偿的金额，根据被拆迁房屋的区位、用途、建筑面积等因素，以房地产市场评估价格确定。具体办法由省、自治区、直辖市人民政府制定。

实行房屋产权调换的，拆迁人与被拆迁人按照计算得到的被拆迁房屋的补偿金额和所调换房屋的价格，结清产权调换的差价。

（2）搬迁、安置补助费。

拆迁人应当对被拆迁人或者房屋承租人支付搬迁补助费，对于在规定的搬迁期限届满前搬迁的，拆迁人可以付给提前搬家奖励费；在过渡期限内，被拆迁人或者房屋承租人自行安排住处的，拆迁人应当支付临时安置补助费；被拆迁人或者房屋承租人使用拆迁人提供的周转房的，拆迁人不支付临时安置补助费。搬迁补助费和临时安置补助费的标准，由省、自治区、直辖市人民政府规定。有些地区规定，拆除非住宅房屋，造成停产、停业引起经济损失的，拆迁人可以根据被拆除房屋的区位和使用性质，按照一定标准给予一次性停产停业综合补助费。

3）出让金、土地转让金

土地使用权出让金为用地单位向国家支付的土地所有权收益，出让金标准一般参考城市基准地价并结合其他因素制定。基准地价由市土地管理局会同市物价局、市国有资产管理局、市房地产管理局等部门综合平衡后报市级人民政府审定通过，它以城市土地综合定级为基础，用某一地价或地价幅度表示某一类别用地在某一土地级别范围的地价，以此作为土地使用权出让价格的基础。在有偿出让和转让土地时，政府对地价不作统一规定，但坚持以下原则：即地价对目前的投资环境不产生大的影响；地价与当地的社会经济承受能力相适应；地价要考虑已投入的土地开发费用、土地市场供求关系、土地用途、所在区类、容积率和使用年限等。有偿出让和转让使用权，要向土地受让者征收契税；转让土地如有增值，要向转让者征收土地增值税；土地使用者每年应按规定的标准缴纳土地使用费。土地使用权出让或转让，应先由地价评估机构进行价格评估后，再签订土地使用权出让和转让合同。

2.4.2 与建设项目相关的其他费用

与建设项目相关的其他费用主要包括：建设管理费、可行性研究费、研究试验费、勘察设计费、环境影响评价费、劳动安全卫生评价费、场地准备及临时设施费、引进技术和引进设备其他费、工程保险费、特殊设备安全监督检验费以及市政公用设施费。这些费用的要点总结详见表2.5。

表2.5 与建设项目相关的其他费用一览表

序号	费用名称	要点
1	建设管理费	①建设单位管理费：建设单位发生的管理性质的开支。完工清理费、竣工验收费、公证费、顾问费、设计审查费； ②工程监理费：政府指导价或市场调节价； ➢ 采用监理：建设单位部分管理工作量转移至监理单位； ➢ 采用工程总承包方式：总包管理费由从建设管理费中支出
2	可行性研究费	投资决策阶段，经济技术论证、编制评审可行性研究报告费用
3	研究试验费	自行或委托其他部门研究试验所需人、材费、试验设备及仪器使用费。但不包括以下项目： ①科技三项：新产品试制费、中间试验费和重要科学研究补助费； ②建安工程费中列支的一般鉴定、检查所发生的费用及技术革新的研究试验费； ③应由勘察设计费或工程费用中开支的项目
4	勘察设计费	对工程项目进行工程水文地质勘察、工程设计所发生的费用。包括： ①工程勘察费； ②初步设计费（基础设计费）； ③施工图设计费（详细设计费）； ④设计模型制作费
5	环境影响评价费	进行环境污染或影响评价所需的费用
6	劳动安全卫生评价费	在工程项目投资决策过程中，为编制劳动安全卫生评价报告所需的费用。包括编制建设项目劳动安全卫生预评价大纲和劳动安全卫生预评价报告书以及为编制上述文件所进行的工程分析和环境现状调查等所需费用。必须进行劳动安全卫生预评价的项目包括：

续表

序号	费用名称	要　点
6	劳动安全卫生评价费	①大中型建设项目； ②火灾危险性生产类别为甲类的建设项目； ③爆炸危险场所等级为特别危险场所和高度危险场所的建设项目； ④Ⅰ级、Ⅱ级危害程度的职业性接触毒物的建设项目； ⑤大量生产或使用石棉粉料或含有10%以上的游离二氧化硅粉料的建设项目； ⑥其他由劳动行政部门确认的危险、危害因素大的建设项目
7	场地准备及临时设施费	内容： ①建设单位组织进行的场地平整等准备工作而发生的费用； ②建设单位为满足工程项目建设、生活、办公的需要，用于临时设施建设、维修、租赁、使用所发生或摊销的费用 计算： ①大型土石方工程应进入工程费用中的总图运输费用中； ②新建项目应根据实际工程量估算，或按工程费用的比例计算； ③改扩建项目一般只计拆除清理费； ④凡可回收材料的拆除工程采用以料抵工方式冲抵拆除清理费； ⑤不包括已列入建筑安装工程费用中的施工单位临时设施费用
8	引进技术和引进设备其他费	主要包括： ①引进项目图纸资料翻译复制费、备品备件测绘费； ②出国人员费用； ③来华人员费用； ④银行担保及承诺费
9	工程保险费	为转移工程项目建设的意外风险，在建设期内对建筑工程、安装工程、机械设备和人身安全进行投保而发生的费用。包括建筑安装工程一切险、引进设备财产保险和人身意外伤害险等。根据不同的工程类别，分别以其建筑、安装工程费乘以建筑、安装工程保险费率计算。 ①民用建筑：2‰～4‰； ②其他建筑及安装工程：3‰～6‰
10	特殊设备安全监督检验费	安全监察部门对在施工现场组装的锅炉及压力容器、压力管道、消防设备、燃气设备、电梯等特殊设备和设施实施安全检验收取的费用
11	市政公用设施费	使用市政公用设施的工程项目，按照项目所在地省级人民政府有关规定建设或缴纳的市政公用设施建设配套费用，以及绿化工程补偿费用

2.4.3　与未来生产经营相关的其他费用

1. 联合试运转费

联合试运转费是指新建或新增加生产能力的工程项目，在交付生产前按照设计文件规定的工程质量标准和技术要求，对整个生产线或装置进行负荷联合试运转所发生的费用净支出（试运转支出大于收入的差额部分费用）。试运转支出包括试运转所需原材料、燃料及动力消耗、低值易耗品、其他物料消耗、工具用具使用费、机械使用费、保险金、施工单位参加试运转人员工资以及专家指导费等；试运转收入包括试运转期间的产品销售收入和其他收入。联合试运转费不包括应由设备安装工程费用开支的调试及试车费用，以及在试运转中暴露出来的因施工原因或设备缺陷等发生的处理费用。

2. 专利及专有技术使用费

1）专利及专有技术使用费的主要内容

（1）国外设计及技术资料费、引进有效专利、专有技术使用费和技术保密费。

（2）国内有效专利、专有技术使用费。

（3）商标权、商誉和特许经营权费等。

2）专利及专有技术使用费的计算

在专利及专有技术使用费计算时应注意以下问题：

（1）按专利使用许可协议和专有技术使用合同的规定计列。

（2）专有技术的界定应以省、部级鉴定批准为依据。

（3）项目投资中只计算需在建设期支付的专利及专有技术使用费。协议或合同规定在生产期支付的使用费应在生产成本中核算。

（4）一次性支付的商标权、商誉及特许经营权费按协议或合同规定计列。协议或合同规定在生产期支付的商标权或特许经营权费应在生产成本中核算。

（5）为项目配套的专用设施投资，包括专用铁路线、专用公路、专用通信设施、送变电站、地下管道、专用码头等，如由项目建设单位负责投资但产权不归属本单位的，应作无形资产处理。

3. 生产准备及开办费

1）生产准备及开办费的内容

在建设期内，建设单位为保证项目正常生产而发生的人员培训费、提前进厂费以及投产使用必备的办公、生活家具用具及工器具等的购置费用。包括：

（1）人员培训费及提前进厂费。包括自行组织培训或委托其他单位培训的人员工资、工资性补贴、职工福利费、差旅交通费、劳动保护费、学习资料费等。

（2）为保证初期正常生产（或营业、使用）所必需的生产办公、生活家具用具购置费。

（3）为保证初期正常生产（或营业、使用）必需的第一套不够固定资产标准的生产工具、器具、用具购置费。不包括备品备件费。

2）生产准备及开办费的计算

（1）新建项目按设计定员为基数计算，改扩建项目按新增设计定员为基数计算：

$$生产准备费=设计定员\times生产准备费指标（元/人） \quad (2.34)$$

（2）可采用综合的生产准备费指标进行计算，也可以按费用内容的分类指标计算。

2.5 预备费

2.5.1 基本预备费

1. 基本预备费的内容

基本预备费是指针对项目实施过程中可能发生难以预料的支出而事先预留的费用，又称为工程建设不可预见费，主要指设计变更及施工过程中可能增加工程量的费用，基本预备费一般由以下四部分构成：

（1）在批准的初步设计范围内，技术设计、施工图设计及施工过程中所增加的工程费用；设计变更、工程变更、材料代用、局部地基处理等增加的费用。

（2）一般自然灾害造成的损失和预防自然灾害所采取的措施费用。实行工程保险的工程项目，该费用应适当降低。

（3）竣工验收时为鉴定工程质量对隐蔽工程进行必要的挖掘和修复费用。

（4）超规超限设备运输增加的费用。

2. 基本预备费的计算

基本预备费是按工程费用和工程建设其他费用二者之和为计取基础，乘以基本预备费费率进行计算。基本预备费费率的取值应执行国家及部门的有关规定。

基本预备费 =（工程费用+工程建设其他费用）×基本预备费费率　　（2.35）

2.5.2 价差预备费

1. 价差预备费的内容

价差预备费是指为在建设期内利率、汇率或价格等因素的变化而预留的可能增加的费用，亦称为价格变动不可预见费。价差预备费的内容包括：人工、设备、材料、施工机械的价差费，建筑安装工程费及工程建设其他费用调整，利率、汇率调整等增加的费用。

2. 价差预备费的测算方法

价差预备费一般根据国家规定的投资综合价格指数，按估算年份价格水平的投资额为基数，采用复利方法计算。计算公式为：

$$PF = \sum I_t\left[(1+f)^{m}(1+f)^{0.5}(1+f)^{t-1}-1\right] \tag{2.36}$$

式中 PF——价差预备费；

n——建设期年份数；

I_t——建设期中第 t 年的投资计划额，包括工程费用、工程建设其他费用及基本预备费，即第 t 年的静态投资计划额；

f——年涨价率，政府部门有规定的按规定执行，没有规定的由可行性研究人员预测；

m——建设前期年限（从编制估算到开工建设，单位：年）。

【例 2.4】某建设项目建安工程费 5 000 万元，设备购置费 3 000 万元，工程建设其他费用 2 000 万元，已知基本预备费率 5%，项目建设前期年限为 1 年，建设期为 3 年，各年投资计划额为：第一年完成投资 20%，第二年 60%，第三年 20%。年均投资价格上涨率为 6%，求建设项目建设期间价差预备费。

【解】基本预备费=（5 000+3 000+2 000）×5%=500（万元）

静态投资=5 000+3 000+2 000+500=10 500（万元）

建设期第一年完成投资 = 10 500×20% = 2 100（万元）

第一年价差预备费：$PF_1 = 2\,100\,[(1+5\%)^1(1+5\%)^{0.5}(1+5\%)^{1-1} - 1] = 191.8$（万元）

建设期第二年投资= 10 500×60% = 6 300（万元）

第二年价差预备费：$PF_2 = 6\,300\,[(1+5\%)^1(1+5\%)^{0.5}(1+5\%)^{2-1} - 1] = 987.9$（万元）

第三年投资= 10 500×20% = 2 100（万元）

第三年价差预备费：$PF_3 = 2\,100\,[(1+5\%)^1(1+5\%)^{0.5}(1+5\%)^{3-1} - 1] = 475.1$（万元）

价差预备费= 191.8 + 987.9 + 475.1 = 1 654.8（万元）

2.6 建设期利息

建设期利息主要是指在建设期内发生的为工程项目筹措资金的融资费用及债务资金利息。当总贷款是分年均衡发放时，建设期利息的计算可按当年借款在年中支用考虑，即当年贷款按半年计息，上年贷款按全年计息。计算公式为：

$$q_j = (P_{j-1} + \frac{1}{2}A_j)\cdot i \tag{2.37}$$

式中 q_j——建设期 j 年应计利息；

P_{j-1}——建设期第（j-1）年末累计贷款本金与利息之和；

P_j——建设期第 j 年贷款金额；

i——年利率。

国外贷款利息的计算中，还应包括国外贷款银行根据贷款协议向贷款方以年利率的方式收取的手续费、管理费、承诺费，以及国内代理机构经国家主管部门批准的以年利率的方式向贷款单位收取的转贷费、担保费、管理费等。

【例 2.5】某新建项目，建设期为 3 年，分年均衡进行贷款，第一年贷款 300 万元，第二年贷款 600 万元，第三年贷款 400 万元，年利率为 12%，建设期内利息只计息不支付，计算建设期利息。

【解】在建设期，各年利息计算如下：

第 1 年：$q_1 = 0.5\times A_1\times i = 0.5\times300\times12\% = 18$（万元）

第 1 年末的本利和 = 300 + 18 = 318（万元）

第 2 年：q_2 =（$P_1 + 0.5A_2$）×i =（318 + 0.5×600）×12% = 74.16（万元）

第 2 年的本利和 = 318 + 600 + 74.16 = 992.16（万元）

第 3 年：q_3 =（$P_2 + 0.5A_3$）×i =（992.18 + 0.5×400）×12% = 143.06（万元）

第 3 年的本利和 = 992.16 + 400 + 143.06 = 1 535.22（万元）

所以，建设期的利息= 18 + 74.16 + 143.06 = 235.22（万元）

或者，建设期的利息= 1 535.22–（300 + 600 + 400）= 235.22（万元）

习题与思考题

一、单项选择题

1. 根据《建设项目经济评价方法与参数（第三版）》，建设投资由（　　）三项费用构成。

A. 工程费用、建设期利息、预备费

B. 建设费用、建设期利息、流动资金

C. 工程费用、工程建设其他费用、预备费

D. 建筑安装工程费、设备及工器具购置费、工程建设其他费用

2. 为保证工程项目顺利实施，避免在难以预料的情况下造成投资不足而预先安排的费用是（　　）。

A. 流动资金

B. 建设期利息

C. 预备费

D. 其他资产费用

3. 根据我国现行工程造价构成，属于固定资产投资中积极部分的是（　　）。

A. 设备购置费

B. 建设用地费

C. 设备及工、器具购置费

D. 安装工程费

4. 国外运输保险费的计算公式是（　　）。

A. 运输保险费=（FOB+国际运输费）/（1–保险费率）×保险费率

B. 运输保险费=（CIF+国际运输费）/（1–保险费率）×保险费率

C. 运输保险费=（FOB+国际运输费）/（1+保险费率）×保险费率

D. 运输保险费=（CFR+国际运输费）/（1–保险费率）×保险费率

5. 下列建筑安装工程税金的计算公式中，正确的是（　　）。

A. 应纳营业税=税前造价×综合税率（%）

B. 城市维护建设税应纳税额 = 计税营业额×适用税率

C. 教育费附加应纳税额 = 应纳营业税税额×3%

D. 地方教育附加应纳税额 = 应纳教育费附加额×当地规定的税率

参考答案

1	2	3	4	5
C	B	C	A	C

二、多项选择题

1. 下列费用项目中，以“到岸价+关税+消费税”为基数，乘以各自给定费（税）率进行结算的有（　　）。

A. 外贸手续费
B. 关税
C. 消费税
D. 增值税
E. 车辆购置税

2. 下列工程的预算费用，属于建筑工程费的有（　　）。
A. 设备基础工程
B. 供水、供暖工程
C. 照明的电缆、导线敷设工程
D. 矿井开凿工程
E. 安装设备的管线敷设工程

3. 下列施工企业支出的费用项目中，属于建筑安装企业管理费的有（　　）。
A. 技术开发费
B. 印花税
C. 已完成工程及设备保护费
D. 材料采购及保管费
E. 财产保险费

4. 关于措施费中超高施工增加费，下列说法正确的是（　　）。
A. 单层建筑檐口高度超过 30 m 时计算
B. 多层建筑超过 6 层时计算
C. 包括建筑超高引起的人工功效降低费
D. 不包括通信联络设备的使用费
E. 按建筑物超高部分建筑面积以“m^2”为单位计算

5. 下列费用中，属于与未来企业生产经营有关的其他费用的有（　　）。
A. 引进技术和进口设备其他费用
B. 联合试运转费
C. 研究试验费
D. 生产准备费
E. 办公和生活家具购置费

参考答案

1	2	3	4	5
DE	ABCD	ABE	BCE	BDE

三、计算题

1. 某设备拟从国外进口，质量 1 850 吨，离岸价为 400 万美元，国外运费标准为 360 美元/吨；海上运输保险费费率为 0.267%；银行财务费费率为 0.45%；外贸手续费费率为 1.7%；关税税率为 22%；进口环节增值税税率为 17%；人民币外汇牌价为 1∶6.83 元人民币，设备的国内运杂费费率为 2.3%。试计算该套设备购置费。

2. 从某国进口设备，质量 1 000 吨，装运港船上交货价为 400 万美元，工程项目建设位于国内某省会城市，如果国际运费标准为 300 美元/吨，海上运输保险费率为 3‰，银行财务费率为 5‰，外贸手续费率为 1.5%，关税税率为 22%，增值税税率为 17%，消费税税率为 10%，银行外汇牌价为 1 美元=6.3 元人民币，对该设备的原价进行估算。

3. 某建设项目，项目前期年限 1 年，建设期 3 年，各年投资计划额如下：第一年投资 600 万，第二年投资 780 万，第三年投资 920 万，年均投资价格上涨率为 8%，该项目价差预备费为多少万元？

4. 某新建项目，建设期 3 年，分年均衡进行贷款，第一年贷款 400 万元，第二年 700 万元，第三年 500 万元，年利率为 12%，建设期贷款利息为多少万元？

5. 某建设项目投资构成中，设备购置费 1 000 万元，工具、器具及生产家具购置费 200 万元，建筑工程费 800 万元，安装工程费 500 万元，工程建设其他费用 400 万元，基本预备费 150 万元，价差预备费 350 万元，建设期贷款 2 000 万元，应计利息 120 万元，流动资金 400 万元，则该建设项目的工程造价为多少万元？

6. 某建设项目在建设期初的建筑安装工程费和设备工器具购置费为 45 000 万元。按本项目实施计划，项目前期年限 1 年，项目建设期为 3 年，投资分年使用比例为：第一年 25%，第二年 55%，第三年 20%，年均投资价格上涨率为 5%。建设期贷款利息为 1 395 万元，建设工程项目其他费用为 3 860 万元，基本预备费率为 10%。则该项目建设投资为多少万元？

第3章 工程定额原理

【学习目标】

1. 掌握工程定额的性质和分类，了解工程定额的作用。

2. 掌握施工定额的概念、劳动定额的制定和表示方法、材料消耗量的理论计算法、周转性材料摊销量的概念、机械台班消耗定额的表示方法。

3. 掌握预算定额的概念、作用和应用。

4. 熟悉预算定额中人工、材料、机械消耗量指标的确定方法，人工、材料、机械单价及定额基价的内容组成。

5. 了解概算定额概算指标和投资估算指标的概念及应用。

3.1 概 述

3.1.1 工程定额的概念

定额是一种规定的额度，既定的标准。从广义上理解，定额就是处理或完成特定事物的数量限度。工程建设定额是指在工程建设中体现在单位合格产品上的人工、材料、机械使用消耗量的规定额度。这种“规定的额度”反映的是在一定的社会生产力发展水平的条件下，完成工程建设中的某项产品与各种生产耗费之间特定的数量关系。工程建设定额反映了工程建设与各种资源消耗之间的客观规律，它是一个综合的概念，是工程建设中各类定额的总称。

3.1.2 工程定额的作用

1. 编制施工进度计划的基础

在组织管理施工中，需要编制进度与作业计划，其中应考虑施工过程中的人力、材料、机械的需用量，是以定额为依据计算的。

2. 确定建筑工程造价的依据

根据设计规定的工程标准、数量及其相应的定额确定人工、材料、机械所消耗数量及单位预算价值和各种费用标准确定工程造价。

3. 推行经济责任制的重要依据

建筑企业在全面推行投资包干制和以招投标为核心的经济责任制中，签订投资包干的协议，计算招标标底和投标报价，签订总包和分包合同协议等，都以建设工程定额为编制依据。

4. 企业降低工程成本的重要依据

以定额为标准，分析比较成本的消耗。通过比较分析找出薄弱环节，提出改革措施，降低人工、材料、机械等费用在建筑产品中的消耗，从而降低工程成本，取得更好的经济效益。

5. 提高劳动生产率，总结先进生产方法的重要手段

企业根据定额把提高劳动生产率的指标和措施，具体落实到每个人或班组。工人为完成或超额完成定额，将努力提高技术水平，使用新方法、新工艺，改善劳动组织、降低消耗、提高劳动生产率。

3.1.3 工程定额的特性

定额的特性体现在以下几个方面。

1. 科学性和系统性

定额的科学性，首先表现在用科学的态度制定定额，在研究客观规律的基础上，采用可靠数据，用科学的办法来编制定额；其次表现在制订定额的技术方法上，利用现代科学管理的成就，形成一套行之有效的、完整的方法；再次表现在定额制订与贯彻的一体化上。

建设工程定额是相对独立的系统，它是由多种定额结合而成的有机的整体，它的结构复杂，有着鲜明的层次和明确的目标。

2. 法令性

定额的法令性是指定额一经国家或授权机关批准颁发，在其执行范围内必须严格遵守和执行，不得随意变更定额内容与水平，以保证全国或某一地区范围有一个统一的核算尺度，从而使比较、考核经济效果和有效地监督管理有了统一的依据。

3. 群众性

定额的群众性是指定额的制订和执行都是建立在广大生产者和管理者基础上的。首先，群众是生产消费的直接参与者，他们了解生产消费的实际水平，所以通过管理科学的方法和手段对群众中的先进生产经验和操作方法，进行系统的分析、测定和整理，充分听取群众的意见，并邀请专家及技术熟练工人代表直接参加定额制订活动；其次，定额要依靠广大生产者和管理者积极贯彻执行，并在生产消费活动中检测定额水平，分析定额执行情况，为定额的调整与修订提供新的基础资料。

4. 相对稳定性和时效性

任何一种定额都是一定时期社会生产力发展水平的反映，在一定时期内应是稳定的。保

持定额的稳定性，是定额的法令性所必需的，同时也是更有效地执行定额所必需的。如果定额处于经常修改的变动状态中，势必造成执行中的困难与混乱，使人们对定额的科学性和法令性产生怀疑。此外，由于定额的修改与编制是一项十分繁重的工作，它需要动用和组织大量的人力和物力，而且需要收集大量的资料、数据，需要反复的研究、试验、论证等，这些工作的完成周期很长，所以也不可能经常性地修改定额。然而，定额的稳定性又是相对的，任何一种定额只能反映一定时期的生产力水平，生产力始终处在不断的发展变化之中，当生产力先前发展了许多，定额水平就会与之不适应，定额就无法在发挥出其作用，此时就需要有更高水平的定额问世，以适应新生产力水平下企业生产管理的需要。所以，从一个长期的过程来看，定额又是不断变动的，具有时效性。

3.1.4 工程定额的分类

工程定额是一个综合概念，是建设工程造价计价和管理中各类定额的总称，包括许多种类的定额，可以按照不同的原则和方法对它进行分类。

1. 按定额反映的生产要素消耗内容分类

按定额反映的生产要素消耗内容分类可以把工程定额划分为劳动消耗定额、机械消耗定额和材料消耗定额三种。

（1）劳动消耗定额。简称劳动定额（也称为人工定额），是在正常的施工技术和组织条件下，完成规定计量单位合格的建筑安装产品所消耗的人工工日的数量标准。劳动定额的主要表现形式是时间定额，但同时也表现为产量定额。时间定额与产量定额互为倒数。

（2）材料消耗定额。简称材料定额，是指在正常的施工技术和组织条件下，完成规定计量单位合格的建筑安装产品所消耗的原材料、成品、半成品、构配件、燃料，以及水、电等动力资源的数量标准。

（3）机械消耗定额。机械消耗定额是以一台机械一个工作班为计量单位，所以又称为机械台班定额。机械消耗定额是指在正常的施工技术和组织条件下，完成规定计量单位合格的建筑安装产品所消耗的施工机械台班的数量标准。机械消耗定额的主要表现形式是机械时间定额和机械产量定额。

2. 按定额的编制程序和用途分类

按定额的编制程序和用途分类可以把工程定额分为施工定额、预算定额、概算定额、概算指标、投资估算指标五种。

（1）施工定额。施工定额是完成一定计量单位的某一施工过程或基本工序所需消耗的人工、材料和机械台班数量标准。施工定额是施工企业（建筑安装企业）组织生产和加强管理在企业内部使用的一种定额，属于企业定额的性质。施工定额是以某一施工过程或基本工序作为研究对象，表示生产产品数量与生产要素消耗综合关系编制的定额。为了适应组织生产和管理的需要，施工定额的项目划分很细，是工程定额中分项最细、定额子目最多的一种定额，也是工程定额中的基础性定额。

（2）预算定额。预算定额在正常的施工条件下，完成一定计量单位合格分项工程和结构构件所需消耗的人工、材料、施工机械台班数量及其费用标准。预算定额是一种计价性定额。从编制程序上看，预算定额是以施工定额为基础综合扩大编制的，同时它也是编制概算定额的基础。

（3）概算定额。概算定额是完成单位合格扩大分项工程或扩大结构构件所需消耗的人工、材料和施工机械台班的数量及其费用标准，是一种计价性定额。概算定额是编制扩大初步设计概算、确定建设项目投资额的依据。概算定额的项目划分粗细，与扩大初步设计的深度相适应，一般是在预算定额的基础上综合扩大而成的，每一综合分项概算定额都包含了数项预算定额。

（4）概算指标。概算指标是以单位工程为对象，反映完成一个规定计量单位建筑安装产品的经济消耗指标。概算指标是概算定额的扩大与合并，以更为扩大的计量单位来编制的。概算指标的内容包括人工、机械台班、材料定额三个基本部分，同时还列出了各结构分部的工程量及单位建筑工程（以体积计或面积计）的造价，是一种计价定额。

（5）投资估算指标。投资估算指标是以建设项目、单项工程、单位工程为对象，反映建设总投资及其各项费用构成的经济指标。它是在项目建议书和可行性研究阶段编制投资估算、计算投资需要量时使用的一种定额。它的概略程度与可行性研究阶段相适应。投资估算指标往往根据历史的预、决算资料和价格变动等资料编制，但其编制基础仍然离不开预算定额、概算定额。

上述各种定额的相互联系可参见表3.1。

表3.1　各种定额间关系的比较

比较内容	施工定额	预算定额	概算定额	概算指标	投资估算指标
研究对象	施工过程或基本工序	分项工程和结构构件	扩大的分项工程或扩大的结构构件	单位工程	建设项目、单项工程、
用途	编制施工预算	编制施工图预算	编制扩大初步设计概算	编制初步设计概算	编制投资估算
项目划分	最细	细	较粗	粗	很粗
定额水平	平均先进	平均			
定额性质	生产性定额	计价性定额			

3. 按专业分类

由于工程建设涉及众多的专业，不同的专业所含的内容也不同，因此就确定人工、材料和机械台班消耗数量标准的工程定额来说，也需按不同的专业分别进行编制和执行。

（1）建筑工程定额按专业对象分为建筑及装饰工程定额、房屋修缮工程定额、市政工程定额、铁路工程定额、公路工程定额、矿山井巷工程定额等。

（2）安装工程定额按专业对象分为电气设备安装工程定额、机械设备安装工程定额、热力设备安装工程定额、通信设备安装工程定额、化学工业设备安装工程定额、工业管道安装工程定额、工艺金属结构安装工程定额等。

4. 按主编单位和管理权限分类

工程定额可以分为全国统一定额、行业统一定额、地区统一定额、企业定额、补充定额五种。

（1）全国统一定额是由国家建设行政主管部门综合全国工程建设中技术和施工组织管理的情况编制，并在全国范围内适用的定额。

（2）行业统一定额是考虑到各行业部门专业工程技术特点，以及施工生产和管理水平编制的。一般是只在本行业和相同专业性质的范围内使用。

（3）地区统一定额包括省、自治区、直辖市定额。地区统一定额主要是考虑地区性特点和全国统一定额水平作适当调整和补充编制的。

（4）企业定额是施工单位根据本企业的施工技术、机械装备和管理水平编制的人工、施工机械台班和材料等的消耗标准。企业定额在企业内部使用，是企业综合素质的一个标志。企业定额水平一般应高于国家现行定额，才能满足生产技术发展、企业管理和市场竞争的需要。在工程量清单计价方式下，企业定额作为施工企业进行建设工程投标报价的计价依据，正发挥着越来越大的作用。

（5）补充定额是指随着设计、施工技术的发展，现行定额不能满足需要的情况下，为了补充缺陷所编制的定额。补充定额只能在指定的范围内使用，可以作为以后修订定额的基础。

上述各种定额虽然适用于不同的情况和用途，但是它们是一个互相联系的、有机的整体，在实际工作中配合使用。

3.2 施工定额

3.2.1 施工定额的概念

施工定额是以“工序”为研究对象编制的定额。为了适应组织生产和管理的需要，施工定额的项目划分很细，是工程建设定额中分项最细、定额子目最多的一种定额，也是工程建设定额中的基础性定额。施工定额由劳动定额、材料消耗定额和施工机械台班消耗定额组成。

3.2.2 施工定额的作用

施工定额是以同一性质的施工过程—工序作为对象编制的定额，它属于企业定额性质的生产性定额，涉及企业内部管理的各个方面，它在企业生产经营活动中的基础性作用主要表现为：

（1）施工定额是企业计划管理的依据，它不仅是企业编制施工组织设计的依据，也是企业编制施工作业计划的依据。

（2）施工定额是组织和协调生产的有效工具。企业下达的施工任务书上的工程计量单位、产量定额和计件单位，均取自施工定额中的劳动定额。

（3）施工定额是推广先进技术的必要手段，其定额水平属于平均先进水平，不乏包含着某些已经成熟的先进施工技术和经验，工人要达到和超过定额，就必须掌握和运用这些先进技术。

（4）施工定额是编制预算定额、单位估价表的基础。预算定额和单位估价表都是在综合考虑了一些可变因素和工作内容及价格因素后，在施工定额的基础上编制而成。

（5）施工定额是编制施工预算的基础。编制施工预算时施工单位用以确定单位工程人工、机械、材料需要量的计划文件也是依据施工定额编制的。

3.2.3 施工定额的编制原则

施工定额能否在施工管理中促进生产力水平和经济效益的提高，决定于定额本身的质量。所以，保证定额的编制质量十分重要。衡量定额质量的主要依据是定额水平及其表现形式，因此在定额编制中要贯彻以下原则。

（1）定额水平要符合平均先进原则。施工定额的水平应是平均先进水平。因为只有依据这样的标准进行管理，才能不断提高企业的劳动生产率水平，进而提高企业的经济效益。

（2）成果要符合质量要求的原则。完成后的施工过程质量，要符合国家颁发的施工及验收规范和现行《建筑安装工程质量检验评定标准》的要求。

（3）采用合理劳动组织原则。根据施工过程的技术复杂程度和工艺要求，合理组织劳动力，按照国家规定的《建筑安装工人技术等级标准》，配套安排适应技术等级的工人及合理数量。

（4）明确劳动手段与对象的原则。采用不同的劳动手段（设备、工具等）和劳动对象（材料、构件等）得到不同的生产率。因此，必须规定使用的设备、工具，明确材料与构件的规格、型号等。

（5）内容和形式的简明适用原则。内容和形式的简明适用首先表现为定额内容的简明适用，要求做到项目齐全，项目划分粗细适当，适应施工管理的要求，如符合编制施工作业计划、签发施工任务书、计算投标报价、企业内部考核的作用要求。要求步距合理，同时注意选择适当的计量单位，以准确反映产品的特性。结构形式要合理，要反映已成熟和推广的新结构、新材料、新技术、新机具的内容。

（6）以专业队伍和群众相结合的编制原则。施工定额的编制，应由有丰富经验的专门机构和人员组织，同时由有丰富专业技术经验的人员为主，由工人群众配合，共同编制。这样才能体现定额的科学性和群众性。

3.2.4 施工定额的内容

施工定额手册是施工定额的汇编，其内容主要包括以下 3 个部分。

1. 文字说明

包括总说明、分册说明和分节说明。

（1）总说明。一般包括定额的编制原则和依据、定额的用途及适用范围、工程质量及安全要求、劳动消耗指标及材料消耗指标的计算方法、有关全册的综合内容、有关规定及说明。

（2）分册说明。主要对本分册定额有关编制和执行方面的问题与规定进行阐述，如分册中包括的定额项目和工作内容、施工方法说明、有关规定（如材料运距、土壤类别的规定等）的说明和工程量计算方法、质量及安全要求等。

（3）分节说明。主要内容包括具体的工作内容、施工方法、劳动小组成员等。

2. 定额项目表

是定额手册的核心部分和主要内容，包括定额编号、计量单位、项目名称、工料消耗量及附注等。附注是定额项目的补充，主要说明没有列入定额项目的分项工程执行的定额、执行时应增（减）工料（有时乘系数）的具体数值等，它不仅是对定额使用的补充，也是对定额使用的限制。

3. 附　录

一般放在定额册的最后，主要内容包括名词解释及图解、先进经验及先进工具介绍、混凝土及砂浆配合比表、材料单位重量参考表等。

以上 3 个部分组成定额手册的全部内容。其中以定额项目表为核心，但同时必须了解另外两部分的内容，这样才能保证准确无误地使用施工定额。

3.2.5 劳动定额

在讲述劳动定额、材料定额、机械定额之前我们必须弄清楚施工过程、工作时间及劳动时间确定方法这三个问题。

1. 劳动定额的概念

劳动定额是指在一定的技术装备、合理的劳动组织与合理使用材料的条件下，规定完成质量合格的单位产品所需劳动消耗量的标准，或规定在单位时间内完成质量合格产品的数量标准。

2. 劳动定额的表现形式

劳动定额按其表现形式的不同，可分为时间定额和产量定额。

生产单位产品的劳动消耗量可以用劳动时间来表示，同样在单位时间内劳动消耗量也可以用生产的产品数量来表示。

1）时间定额

时间定额又称工时定额，是指在一定的生产技术装备、合理的劳动组织与合理使用材料的条件下，规定完成质量合格的单位产品所需消耗的劳动时间。时间定额一般是以工日或工时为计量单位。计算公式如下：

$$\text{时间定额}=\frac{\text{消耗的总工日数}}{\text{产品数量}} \tag{3.1}$$

2）产量定额

产量定额又称每工产量，是指在一定的生产技术装备、合理的劳动组织与合理使用材料的条件下，规定某工种、某技术等级的工人（或工人班组）在单位时间内应完成质量合格的产品数量。由于建筑产品多种多样，产量定额一般是以 m、m^2、m^3、kg、t、块、套、组、台等为计量单位。计算公式如下：

$$产量定额=\frac{产品数量}{消耗的总工日数} \tag{3.2}$$

时间定额和产量定额是同一劳动定额的不同表现形式，它们都表示同一劳动定额，但各有其用途。时间定额因为计量单位统一，便于进行综合，计算劳动量比较方便；而产量定额具有形象化的特点，使工人的奋斗目标直观、明确，便于班组分配工作任务。

3）时间定额与产量定额的关系

时间定额与产量定额互为倒数关系，即

$$时间定额\times产量定额=1 \tag{3.3}$$

$$时间定额=\frac{1}{产量定额} \tag{3.4}$$

3. 劳动定额的工作时间

劳动定额中将工人工作时间分为定额时间和非定额时间。

1）必需消耗的工作时间（即定额时间）

必需消耗的工作时间是工人在正常施工条件下，为完成一定合格产品（工作任务）所消耗掉时间，是制定定额的主要依据，包括有效工作时间、休息时间和不可避免中断时间的消耗。

（1）有效工作时间是从生产效果来看与产品生产直接有关的时间消耗。其中，包括基本工作时间、辅助工作时间、准备与结束工作时间的消耗。

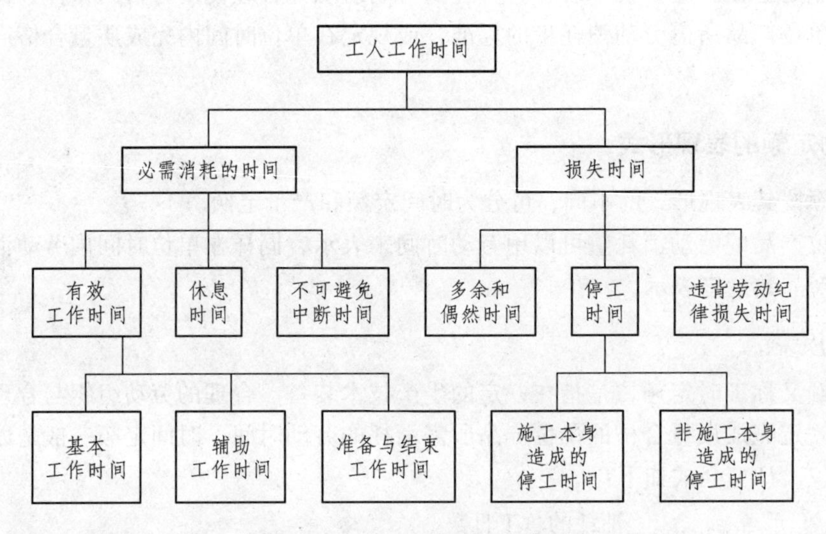

图 3.1 工人工作时间分类图

① 基本工作时间是工人完成能生产一定产品的施工工艺过程所消耗的时间。通过这些工艺过程可以使材料改变外形，如钢筋冷弯等；可以改变材料的结构与性质，如混凝土制品的养护干燥等；可以使预制构配件安装组合成型；也可以改变产品外部及表面的性质，如粉刷、油漆等。基本工作时间所包括的内容依工作性质各不相同。基本工作时间的长短和工作量大小成正比。

② 辅助工作时间是为保证基本工作能顺利完成所消耗的时间。在辅助工作时间里，不能使产品的形状大小、性质或位置发生变化。辅助工作时间的结束，往往就是基本工作时间的开始。辅助工作一般是手工操作。但如果在机手并动的情况下，辅助工作是在机械运转过程中进行的，为避免重复则不应再计辅助工作时间的消耗。辅助工作时间长短与工作量大小有关。

③ 准备与结束工作时间是执行任务前或任务完成后所消耗的工作时间。如工作地点、劳动工具和劳动对象的准备工作时间；工作结束后的整理工作时间等。准备和结束工作时间的长短与所担负的工作量大小无关，但往往和工作内容有关。这项时间消耗可以分为班内的准备与结束工作时间和任务的准备与结束工作时间。其中，任务的准备和结束时间是在一批任务的开始与结束时产生的，如熟悉图纸、准备相应的工具、事后清理场地等，通常不反映在每一个工作班里。

（2）休息时间是工人在工作过程中为恢复体力所必需的短暂休息和生理需要的时间消耗。这种时间是为了保证工人精力充沛地进行工作，所以在定额时间中必须进行计算。休息时间的长短和劳动条件、劳动强度有关，劳动越繁重紧张、劳动条件越差（如高温），则休息时间需越长。

（3）不可避免的中断所消耗的时间是由于施工工艺特点引起的工作中断所必需的时间。与施工过程工艺特点有关的工作中断时间，应包括在定额时间内，但应尽量缩短此项时间消耗。

2）损失时间（即非定额时间）

损失时间是与产品生产无关，而与施工组织和技术上的缺点有关，与工人在施工过程中的个人过失或某些偶然因素有关的时间消耗，损失时间中包括有多余和偶然工作、停工、违背劳动纪律所引起的工时损失。

（1）多余工作，就是工人进行了任务以外而又不能增加产品数量的工作。如重砌质量不合格的墙体。多余工作的工时损失，一般都是由于工程技术人员和工人的差错而引起的，因此，不应计入定额时间中。偶然工作也是工人在任务外进行的工作，但能够获得一定产品。如抹灰工不得不补上偶然遗留的墙洞等。由于偶然工作能获得一定产品，拟定定额时要适当考虑它的影响。

（2）停工时间，是工作班内停止工作造成的工时损失。停工时间按其性质可分为施工本身造成的停工时间和非施工本身造成的停工时间两种。施工本身造成的停工时间，是由于施工组织不善、材料供应不及时、工作面准备工作做得不好、工作地点组织不良等情况引起的停工时间。非施工本身造成的停工时间，是由于水源、电源中断引起的停工时间。前一种情况在拟定定额时不应该计算，后一种情况定额中则应给予合理的考虑。

（3）违背劳动纪律造成的工作时间损失，是指工人在工作班开始和午休后的迟到、午饭前和工作班结束前的早退、擅自离开工作岗位、工作时间内聊天或办私事等造成的工时损失。由于个别工人违背劳动纪律而影响其他工人无法工作的时间损失，也包括在内。

4. 工作时间的确定方法

确定劳动定额的工作时间随着建筑施工技术水平的不断提高而不断改进。目前采用的制定方法有技术测定法、统计分析法、比较类推法和经验估计法。

（1）技术测定法这种方法是根据技术测定资料制定劳动定额的一种常用方法。就目前来说，该方法已发展成为一个多种技术测定体系，包括计时观察测定法、工作抽样测定法、回归分析测定法和标准时间资料法四种。

（2）统计分析法统计分析法是在将过去完成同类产品或完成同类工序实际耗用工时的统计资料，以及根据当前生产技术组织条件的变化因素相结合的基础上，进行分析研究而制定劳动定额的一种方法。

（3）比较类推法又称典型定额法，是指以生产同类产品（或工序）的定额为依据，经过分析比较，类推出同一组定额中相邻项目定额水平的方法。这种方法简便，工作量小，只要典型定额选择恰当，切合实际，具有代表性，类推出的定额水平一般比较合理。

（4）经验估计法经验估计法是由定额人员、技术人员和工人三结合，总结个人或集体的实际经验，按照施工图纸和技术规范，通过座谈讨论反复平衡而确定定额水平的一种方法。应用经验估计法制定定额，应以工序（或单项产品）为对象，分别估算出工序中每一操作的基本工作时间，然后考虑辅助工作时间、准备与结束时间和休息时间，经过综合处理，并对处理结果予以优化处理，即得出该项产品（工作）的时间定额。

5. 劳动定额的作用

劳动定额的作用，主要表现在可以为企业组织施工生产和实行按劳分配提供依据。企业组织施工生产、下达施工任务、合理组织劳动力、推行经济责任制、实行计件工资和人工费承包等都是以劳动定额为基础，并据此提供上述计算的依据。因此，正确发挥劳动定额在组织施工生产和实行按劳分配两个方面的服务作用，对建筑业的发展有着极其重要的意义。

（1）劳动定额是企业管理的基础。

建筑施工企业施工计划、施工作业计划和签发施工任务书的编制与管理，都是以劳动定额为依据。例如施工进度计划的编制与管理，首先是根据施工图纸计算出分部分项工程量，再根据劳动定额计算出各分项工程所需要的劳动量，然后再根据本企业拥有的各种工人数量安排施工工期及相应的施工管理。

（2）劳动定额是科学组织施工和合理组织劳动的依据。

建筑施工企业要科学地组织施工生产，就要在施工过程中对劳动力、劳动工具和劳动对象做到科学、有效的组合，以求获得最大的经济效益。现代施工企业的施工生产过程分工精细、协作密切。为了保证施工过程的紧密衔接和均衡，施工企业需要在时间和空间上合理地组织劳动者协作与配合。要达到这一目的与要求，就要以劳动定额为依据准确计算出每个工人的劳动量，规定不同工种工人之间的比例关系等。如果没有劳动定额，这一切都将很难办到。

（3）劳动定额是衡量劳动生产率的尺度。

劳动生产率是指人们在生产过程中的劳动效率，是劳动者的生产成果与规定劳动消耗量的比率。劳动生产率增长的实质是在单位时间内所完成质量合格产品数量的增加，或完成质量合格单位产品所需消耗劳动量的减少，最终可归结为劳动消耗量的节省。

（4）劳动定额是按劳分配的依据。

我国劳动分配的原则是按劳计酬，即多劳多得、少劳少得、不劳不得。劳动定额作为衡量劳动者付出劳动量和贡献大小的尺度，在贯彻按劳分配原则时，就应以劳动定额为依据。否则，没有衡量标准，按劳分配就会变成有其名而无其实。

（5）劳动定额是企业实行经济核算的基础。

单位工程的用工数量与人工成本（即单位工程的工资含量）是企业经济核算的一项重要内容。为了考核、计算和分析工人在生产过程中的劳动消耗与劳动成果，就必须以劳动定额为基础进行人工及其费用的核算，只有用劳动定额严格、正确地计算和分析生产中的消耗与成果，才能降低工程成本中的人工费，达到经济核算的目的。

6. 劳动定额的应用

时间定额和产量定额虽是同一劳动定额的两种表现形式，但作用不同。

（1）时间定额以工日为单位，便于统计总工日数、核算工人工资、编制进度计划。

（2）产量定额以产品数量的计量单位为单位，便于施工小组分配任务，签发施工任务单，考核工人的劳动生产率。

【例3.1】某工程有120 m^3的一砖基础，每天有22名专业工人投入施工，时间定额为0.89工日/m^3。试计算完成该工程所需的定额施工天数。

【解】完成120 m^3一砖基础工程所需总工日数 = 120×0.89 = 106.8（工日）

每天有22名工人施工，故小组每天的工日数为22，则：

所需施工天数 = 106.8÷22 = 5（天）

【例3.2】某抹灰班组有13名工人，抹某住宅楼混砂墙面，施工25天完成任务，已知产量定额为10.2 m^2/工日。试计算抹灰班应完成的抹灰面积。

【解】13名工人施工25天的总工日数 = 13×25 = 325（工日）

抹灰面积 = 10.2×325 = 3 315（m^2）

7. 确定劳动定额消耗量的基本方法

时间定额和产量定额是劳动定额的两种表现形式。拟定出时间定额，也就可以计算出产量定额。

在全面分析了各种影响因素的基础上，通过计时观察资料，我们可以获得定额的各种必需消耗时间，即基本工作时间、辅助工作时间、不可避免中断时间、准备与结束的工作时间以及休息时间的基础上制定的。将这些时间进行归纳，有的是经过换算，有的是根据不同的工时规范附加，最后把各种定额时间加以综合和类比就是整个工作过程的人工消耗的时间定额。

1）确定工序作业时间

根据计时观察资料的分析和选择，我们可以获得各种产品的基本工作时间和辅助工作时间，将这两种时间合并称之为工序作业时间。它是产品主要的必需消耗的工作时间，是各种因素的集中反映，决定着整个产品的定额时间。

（1）拟定基本工作时间。

基本工作时间在必需消耗的工作时间中占的比重最大。在确定基本工作时间时，必须细致、精确。基本工作时间消耗一般应根据计时观察资料来确定。其做法是，首先确定工作过程每一组成部分的工时消耗，然后再综合出工作过程的工时消耗。如果组成部分的产品计量单位和工作过程的产品计量单位不符，就需先求出不同计量单位的换算系数，进行产品计量单位的换算，然后再相加，求得工作过程的工时消耗。

（2）拟定辅助工作时间。

辅助工作时间的确定方法与基本工作时间相同。如果在计时观察时不能取得足够的资料，也可采用工时规范或经验数据来确定。如具有现行的工时规范，可以直接利用工时规范中规定的辅助工作时间的百分比来计算。

2）确定规范时间

规范时间内容包括工序作业时间以外的准备与结束时间、不可避免中断时间以及休息时间。

（1）确定准备与结束时间。

准备与结束工作时间分为工作日和任务两种。任务的准备与结束时间通常不能集中在某一个工作日中，而要采取分摊计算的方法，分摊在单位产品的时间定额里。

如果在计时观察资料中不能取得足够的准备与结束时间的资料，也可根据工时规范或经验数据来确定。

（2）确定不可避免的中断时间。

在确定不可避免中断时间的定额时，必须注意由工艺特点所引起的不可避免中断才可列入工作过程的时间定额。

不可避免中断时间也需要根据测时资料通过整理分析获得，也可以根据经验数据或工时规范，以占工作日的百分比表示此项工时消耗的时间定额。

（3）拟定休息时间。

休息时间应根据工作班作息制度、经验资料、计时观察资料，以及对工作的疲劳程度作全面分析来确定。同时，应考虑尽可能利用不可避免中断时间作为休息时间。

规范时间均可利用工时规范或经验数据确定，常用的参考数据可如表3.2所示。

表3.2　准备与结束、休息、不可避免中断时间占工作班时间的百分率参考表

序号	时间分类 工种	准备与结束时间占工作时间/%	休息时间占工作时间/%	不可避免中断时间占工作时间/%
1	材料运输及材料加工	2	13～16	2
2	人力土方工程	3	13～16	2
3	架子工程	4	12～15	2
4	砖石工程	6	10～13	4
5	抹灰工程	6	10～13	3
6	手工木作工程	4	7～10	3
7	机械木作工程	3	4～7	3
8	模板工程	5	7～10	3
9	钢筋工程	4	7～10	4
10	现浇混凝土工程	6	10～13	3

续表

序号	时间分类 / 工种	准备与结束时间占工作时间/%	休息时间占工作时间/%	不可避免中断时间占工作时间/%
11	预制混凝土工程	4	10～13	2
12	防水工程	5	25	3
13	油漆玻璃工程	3	4～7	2
14	钢制品制作及安装工程	4	4～7	2
15	机械土方工程	2	4～7	2
16	石方工程	4	13～16	2
17	机械打桩工程	6	10～13	3
18	构件运输及吊装工程	6	10～13	3
19	水暖电气工程	5	7～10	3

3）拟定定额时间

确定的基本工作时间、辅助工作时间、准备与结束工作时间、不可避免中断时间与休息时间之和，就是劳动定额的时间定额。根据时间定额可计算出产量定额，时间定额和产量定额互成倒数。

利用工时规范，可以计算劳动定额的时间定额。计算公式如下：

$$\text{工序作业时间}=\text{基本工作时间}+\text{辅助工作时间} \tag{3.5}$$

$$\text{规范时间}=\text{准备与结束工作时间}+\text{不可避免的中断时间}+\text{休息时间} \tag{3.6}$$

$$\begin{aligned}\text{工序作业时间}&=\text{基本工作时间}+\text{辅助工作时间}\\&=\text{基本工作时间}/(1-\text{辅助时间}\%)\end{aligned} \tag{3.7}$$

或

$$\text{定额时间}=\frac{\text{工序作业时间}}{1-\text{规范时间}\%} \tag{3.8}$$

【例3.3】通过计时观察资料得知：人工挖二类土 1 m^3 的基本工作时间为 6 h，辅助工作时间占工序作业时间的 2%。准备与结束工作时间、不可避免的中断时间、休息时间分别占工作日的 3%、2%、18%。则该人工挖二类土的时间定额是多少？

【解】基本工作时间=6 h=0.75（工日/m^3）

工序作业时间=0.75/（1-2%）=0.765（工日/m^3）

时间定额=0.765/（1-3%-2%-18%）=0.994（工日/m^3）

【例3.4】现测定一砖基础墙的时间定额，已知每 m^3 砌体的基本工作时间为 140 分钟，准备与结束时间、休息时间、不可避免的中断时间占时间定额的百分比分别为 5.45%、5.84%、2.49%，辅助工作时间不计，试确定其时间定额和产量定额。

【解】（1）时间定额计算。

$$\text{时间定额}=\frac{140}{1-(5.45\%+5.84\%+2.49\%)}$$

$$=162.4\text{工分}=\frac{162.4\text{工分}}{8\text{小时}\times 60\text{分钟}}=0.34\text{（工日/m}^3\text{）}$$

（2）产量定额计算。

$$产量定额=\frac{1}{0.34}=2.94（m^3/工日）$$

3.2.6 材料消耗定额

1. 材料消耗定额的概念

材料消耗定额是指在节约与合理使用材料的条件下，完成质量合格的单位产品所需消耗各种建筑材料（包括各种原材料、燃料、成品、半成品、构配件、周转性材料的摊销等）的数量标准。在工程建设中，材料费用占整个工程造价的 60%左右，因此必须重视节约材料，降低消耗。如（01040009）的定额子目，5.3 千块黏土砖/10 m^3 一砖混水砖墙；2.396 m^3 砂浆/10 m^3 一砖混水砖墙；1.06 m^3 水/10 m^3 一砖混水砖墙。

2. 材料的分类

合理确定材料消耗定额，必须研究和区分材料在施工过程中的类别。

1）根据材料消耗的性质划分

施工中材料的消耗可分为必需消耗的材料和损失的材料两类性质。

必需消耗的材料，是指在合理用料的条件下，生产合格产品所需消耗的材料。它包括：直接用于建筑和安装工程的材料；不可避免的施工废料；不可避免的材料损耗。必需消耗的材料属于施工正常消耗，是确定材料消耗定额的基本数据。其中：直接用于建筑和安装工程的材料，编制材料净用量定额；不可避免的施工废料和材料损耗，编制材料损耗定额。

2）根据材料消耗与工程实体的关系划分

施工中的材料可分为实体材料和非实体材料两类。

（1）实体材料，是指直接构成工程实体的材料。它包括工程直接性材料和辅助材料。

工程直接性材料主要是指一次性消耗、直接用于工程上构成建筑物或结构本体的材料，如钢筋混凝土柱中的钢筋、水泥、砂、碎石等；辅助性材料主要是指虽也是施工过程中所必需，却并不构成建筑物或结构本体的材料。如土石方爆破工程中所需的炸药、引信、雷管等。主要材料用量大，辅助材料用量少。

（2）非实体材料，是指在施工中必须使用但又不能构成工程实体的施工措施性材料。非实体材料主要是指周转性材料，如模板、脚手架等。有关非实体材料消耗的计算在其他章节中已有所论述，此处主要阐述实体材料消耗的计算。

根据材料消耗与工程实体的关系，可以将工程建设中的材料分为实体性材料和措施性材料两类。实体性材料，是指直接构成工程实体的材料，包括主要材料和辅助材料。措施性材料，是指在施工中必须使用但又不能构成工程实体的施工措施性材料，主要是指周转性材料，如模板、脚手架等。

3. 实体性材料消耗定额的编制

实体性材料的消耗包括两类，一类是在合理用料的条件下，生产合格产品所需消耗的材料消耗量，称为材料净用量；另一类是在正常施工条件下不可避免的材料损耗，称为材料损耗量。材料总消耗量为材料净用量与材料损耗量之和。即：

$$\text{材料消耗量}=\text{材料净用量}+\text{材料损耗量} \tag{3.9}$$

其中，材料损耗量常用损耗率表示，即：

$$\text{材料损耗率}=\frac{\text{材料损耗量}}{\text{材料净耗量}}\times 100\% \tag{3.10}$$

知道了材料损耗率，可以根据相应材料的净用量计算出该单位产品的材料消耗量。即：

$$\text{材料消耗量}=\text{材料净用量}\times(1+\text{材料损耗率}) \tag{3.11}$$

4. 确定材料消耗量的基本方法

确定实体材料的净用量定额和材料损耗定额的计算数据，是通过现场技术测定、实验室试验、现场统计和理论计算等方法获得的。

（1）现场技术测定法，又称为观测法，是根据对材料消耗过程的测定与观察，通过完成产品数量和材料消耗量的计算，而确定各种材料消耗定额的一种方法。现场技术测定法主要适用于确定材料损耗量，因为该部分数值用统计法或其他方法较难得到。通过现场观察，还可以区别出哪些是可以避免的损耗，哪些是属于难于避免的损耗，明确定额中不应列入可以避免的损耗。

（2）实验室试验法，主要用于编制材料净用量定额。通过试验，能够对材料的结构、化学成分和物理性能以及按强度等级控制的混凝土、砂浆、沥青、油漆等配比做出科学的结论，给编制材料消耗定额提供出有技术根据的、比较精确的计算数据。但其缺点在于无法估计到施工现场某些因素对材料消耗量的影响。

（3）现场统计法，是以施工现场积累的分部分项工程使用材料数量、完成产品数量、完成工作原材料的剩余数量等统计资料为基础，经过整理分析，获得材料消耗的数据。这种方法由于不能分清材料消耗的性质，因而不能作为确定材料净用量定额和材料损耗定额的依据，只能作为编制定额的辅助性方法使用。

上述三种方法的选择必须符合国家有关标准规范，即材料的产品标准，计量要使用标准容器和称量设备，质量符合施工验收规范要求，以保证获得可靠的定额编制依据。

（4）理论计算法，是运用一定的数学公式计算材料消耗定额。（适合于计算按件论块的现成制品材料。）

① 标准砖用量的计算。

如每立方米砖墙的用砖数和砌筑砂浆的用量，可用下列理论计算公式计算各自的净用量：

$$A=\frac{1}{\text{墙厚}\times(\text{砖长}+\text{灰缝})\times(\text{砖厚}+\text{灰缝})}\times k \tag{3.12}$$

式中 A——每一立方米砖砌体砖的净用量（损耗另计）；

k——墙厚的砖数×2（砖数：如0.5砖、1砖、1.5砖……）。

砂浆的净用量：

$$B=（1-A\times 每块砖的体积）\times 1.07（砂浆的压实系数） \quad (3.13)$$

【例 3.5】计算 1.5 标准砖外墙每 m³ 砌体中砖和砂浆的消耗量。（砖和砂浆损耗率均为 1%）

【解】砖的净用量：$A=\dfrac{1.5\times 2}{(0.24+0.01)\times(0.053+0.01)\times 0.365}=522$（块）

砖的消耗量：$522\times(1+1\%)=527$（块）

砂浆的净用量：

$$B=(1-522\times 0.24\times 0.115\times 0.0530)\times 1.07$$
$$=0.253\,(m^3)$$

砂浆的消耗量：$0.253\times(1+1\%)=0.255\,(m^3)$

② 块料面层的材料用量计算。（块料面层系指瓷砖、陶瓷锦砖、预制水磨石块、大理石、花岗岩等块材。定额中的计量单位通常为 100m²。）

每 100m² 面层块料数量、灰缝及结合层材料用量公式如下：

$$100\ m^2 块料净用量=\frac{100}{(块料长+灰缝宽)\times(块料宽+灰缝宽)}（块） \quad (3.14)$$

$$100\ m^2 灰缝材料净用量$$
$$=[100-（块料长\times 块料宽\times 100\ m^2 块料用量）]\times 灰缝深 \quad (3.15)$$

$$结合层材料用量=100\ m^2\times 结合层厚度 \quad (3.16)$$

【例 3.6】用 1∶1 水泥砂浆贴 150 mm×150 mm×5 mm 瓷砖墙面，结合层厚度为 10 mm，试计算每 100 m² 瓷砖墙面中瓷砖和砂浆的消耗量（灰缝宽为 2 mm）。假设瓷砖损耗率为 1.5%，砂浆损耗率为 1%。

【解】每 100 m² 瓷砖墙面中瓷砖的净用量$=\dfrac{100}{(0.15+0.002)\times(0.15+0.002)}=4\,328.25$（块）

每 100 m² 瓷砖墙面中瓷砖的总消耗量=4 328.25×（1+1.5%）=4 393.17（块）

每 100 m² 瓷砖墙面中结合层砂浆净用量=100×0.01=1（m³）

每 100 m² 瓷砖墙面中灰缝砂浆净用量=[100-（4 328.25×0.15×0.15）]×0.005=0.013（m³）

每 100 m² 瓷砖墙面中水泥砂浆总消耗量=（1+0.013）×（1+1%）=1.02（m³）

5. 周转性材料定额消耗量的确定

周转性材料（如挡土板、活动支架、模板和脚手架等）是指施工中不是一次性消耗完，而是随着周转次数的增加，逐渐消耗，不断补充。因此，周转性材料的定额消耗量，应按多次使用，分次摊销的方法计算，且考虑回收因素。为使周转材料的周转次数确定接近合理，应根据工程类型和使用条件，采用各种测定手段进行实地观察，结合有关原始记录、经验数据加以综合取定。影响周转次数的主要因素有以下几个方面：

材质及功能对周转次数的影响，如金属制的周转材料比木材的周转次数多 10 倍，甚至百倍。

使用条件的好坏，对周转材料使用次数的影响。

施工速度的快慢，对周转材料使用次数的影响。

对周转材料的保管、保养、和维修的好坏，也对周转材料使用次数有影响。

科学、合理地确定出周转次数后，根据施工过程中各工序计算出一次使用量和摊销量。计算公式如下：

$$一次使用量=材料净用量\times(1+材料损耗率) \tag{3.17}$$

$$材料摊销量=一次使用量\times摊销系数 \tag{3.18}$$

$$摊销系数=\frac{周转使用系数\times[(1-损耗率)\times回收价值率]}{周转次数\times100\%} \tag{3.19}$$

$$周转使用次数=\frac{[(周转次数-1)\times损耗率]}{周转次数\times100\%} \tag{3.20}$$

$$回收价值率=\frac{一次使用量\times(1-损耗率)}{周转次数\times100\%} \tag{3.21}$$

3.2.7 机械台班消耗定额

1. 机械消耗定额的概念

机械消耗定额（简称机械定额）是指在正常的技术条件、合理的劳动组织下生产单位合格产品所必须消耗的机械工作时间，或者是机械工作一定的时间所生产的合理产品数量。

例如，查定额编号 01040009，0.399 台班灰浆搅拌机/10 m^3 一砖混水砖墙。

机械定额消耗量的计量单位为“台班”。1 个“台班”即为一台施工机械工作一个工作班（8 h）。

同样，施工机械消耗定额也有时间定额和产量定额两种形式，两者也互为倒数关系。

（1）时间定额，是指生产单位产品所消耗的机械台班数。

（2）产量定额，是指在正常的技术条件、合理的劳动组织下，每一个机械台班时间所生产的合格产品的数量。

2. 机器工作时间消耗的分类

在机械化施工过程中，对工作时间消耗的分析和研究，除了要对工人工作时间的消耗进行分类研究之外，还需要分类研究机器工作时间的消耗。机器工作时间的消耗，按其性质也分为必需消耗的时间和损失时间两大类。如图 3.2 所示。

1）机械必需消耗的工作时间

机械必需消耗的工作时间，包括有效工作、不可避免的无负荷工作和不可避免的中断三项时间消耗。而在有效工作的时间消耗中又包括正常负荷下、有根据地降低负荷下的工时消耗。

（1）正常负荷下的工作时间，是机器在与机器说明书规定的额定负荷相符的情况下进行工作的时间。

（2）有根据地降低负荷下的工作时间，是在个别情况下由于技术上的原因，机器在低于其计算负荷下工作的时间。例如，汽车运输重量轻而体积大的货物时，不能充分利用汽车的载重吨位因而不得不降低其计算负荷。

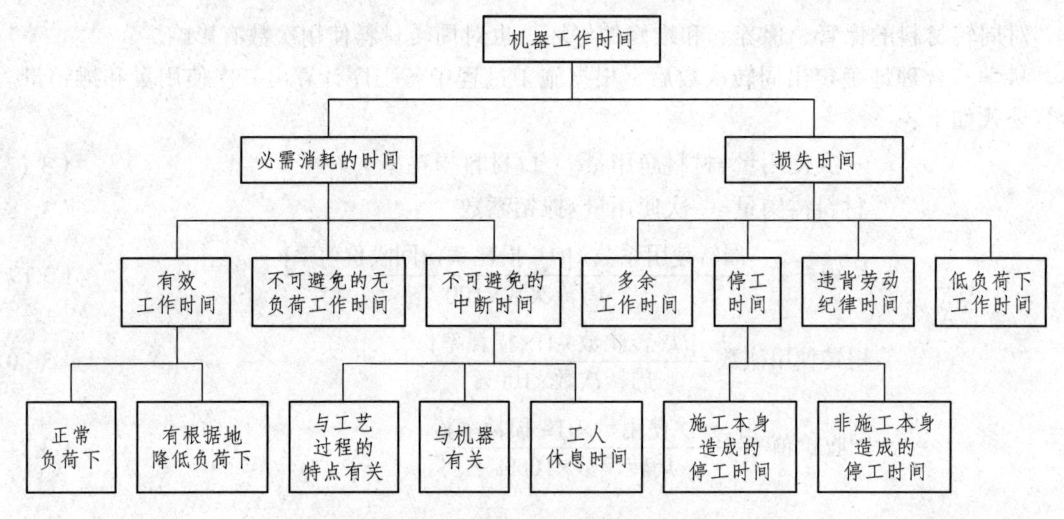

图 3.2　机器工作时间分类图

（3）不可避免的无负荷工作时间，是由施工过程的特点和机械结构的特点造成的机械无负荷工作时间。例如，筑路机在工作区末端调头等，就属于此项工作时间的消耗。

（4）不可避免的中断工作时间是与工艺过程的特点、机器的使用和保养、工人休息有关的中断时间。

① 与工艺过程的特点有关的不可避免中断工作时间，有循环的和定期的两种。循环的不可避免中断，是在机器工作的每一个循环中重复一次。如汽车装货和卸货时的停车。定期的不可避免中断，是经过一定时期重复一次。比如把灰浆泵由一个工作地点转移到另一工作地点时的工作中断。

② 与机器有关的不可避免中断工作时间，是由于工人进行准备与结束工作或辅助工作时，机器停止工作而引起的中断工作时间。它是与机器的使用与保养有关的不可避免中断时间。

③ 工人休息时间，前面已经作了说明。这里要注意的是，应尽量利用与工艺过程有关的和与机器有关的不可避免中断时间进行休息，以充分利用工作时间。

2）机械损失的工作时间

机械损失的工作时间包括多余工作、停工、违背劳动纪律所消耗的工作时间和低负荷下的工作时间。

（1）机器的多余工作时间，一是机器进行任务内和工艺过程内未包括的工作而延续的时间。如工人没有及时供料而使机器空运转的时间；二是机械在负荷下所做的多余工作，如混凝土搅拌机搅拌混凝土时超过规定搅拌时间，即属于多余工作时间。

（2）机器的停工时间，按其性质也可分为施工本身造成和非施工本身造成的停工。前者是由于施工组织得不好而引起的停工现象，如由于未及时供给机器燃料而引起的停工。后者是由于气候条件所引起的停工现象，如暴雨时压路机的停工。上述停工中延续的时间，均为机器的停工时间。

（3）违反劳动纪律引起的机器的时间损失，是指由于工人迟到早退或擅离岗位等原因引起的机器停工时间。

（4）低负荷下的工作时间，是由于工人或技术人员的过错所造成的施工机械在降低负荷的情况下工作的时间。例如，工人装车的砂石数量不足引起的汽车在降低负荷的情况下工作所延续的时间。此项工作时间不能作为计算时间定额的基础。

3. 确定机械台班定额消耗量的基本方法

机械台班定额消耗量的编制，一般按照下列步骤来确定：

（1）确定正常的施工条件。拟定机械工作正常条件，主要是拟定工作地点的合理组织，例如对施工地点机械和材料的放置位置、工人从事操作的场所，做出科学合理的平面布置和空间安排；以及拟定合理的工人编制。

（2）确定机械 1 小时纯工作正常生产率。确定机械正常生产率时，必须首先确定出机械纯工作 1 小时的正常生产效率。机械 1 小时纯工作正常生产率，就是在正常施工组织条件下，具有必需的知识和技能的技术工人操纵机械 1 小时的生产率。

根据机械工作特点的不同，可分为循环动作机械和连续动作机械，应分别确定其工作正常生产率。

循环动作机械纯工作 1 小时正常生产率的计算公式如下：

$$\text{机械一次循环的正常延续时间} = \sum(\text{循环各组成部分正常延续时间}) - \text{交叠时间} \tag{3.22}$$

$$\text{机械纯工作1小时循环次数} = \frac{60\times60(\text{s})}{\text{一次循环的正常延续时间}} \tag{3.23}$$

$$\begin{aligned}\text{机械纯工作1小时正常生产率} = {} & \text{机械纯工作一小时正常循环次数}\times \\ & \text{一次循环生产的产品数量}\end{aligned} \tag{3.24}$$

连续动作机械纯工作 1 小时正常生产率要根据机械的类型和结构特征以及工作过程的特点来确定。计算公式如下：

$$\text{连续动作机械纯工作1小时正常生产率} = \frac{\text{工作时间内生产的产品数量}}{\text{工作时间（h）}} \tag{3.25}$$

（3）确定施工机械的正常利用系数。这是指机械在工作班内对工作时间的利用率。要确定机械的正常利用系数。首先要拟定机械工作班的正常工作状况，保证合理利用工时。机械正常利用系数的计算公式如下：

$$\text{机械正常利用系数} = \frac{\text{机械在一个工作班内纯工作时间}}{\text{一个工作班延续时间（8 h）}} \tag{3.26}$$

（4）计算施工机械台班定额。采用下列公式计算施工机械的产量定额：

$$\text{施工机械台班产量定额} = \text{机械1小时纯工作正常生产率}\times\text{工作班纯工作时间} \tag{3.27}$$

或：

$$\begin{aligned}\text{施工机械台班产量定额} = {} & \text{机械1小时纯工作正常生产率}\times \\ & \text{工作班延续时间}\times\text{机械正常利用系数}\end{aligned} \tag{3.28}$$

$$\text{施工机械时间定额} = \frac{1}{\text{机械台班产量定额}} \tag{3.29}$$

显然，机械时间定额和机械台班产量定额互为倒数。

【例 3.7】某混凝土浇筑现场，有 1 台出料容量为 200L 的混凝土搅拌机。搅拌机每一次循环中，装料、搅拌、卸料、中断需要的时间分别为 1、3、1、1 min，该搅拌机正常功能利用系数为 0.9，求该搅拌机的台班产量定额和时间定额。

【解】搅拌机一次循环的正常延续时间=（1+3+1+1）分钟=6（分钟）

该搅拌机纯工作 1 小时循环次数=（60/6）次=10（次）

该搅拌机纯工作 1h 正常生产率=10×200 =2000L = 2（m^3）

该搅拌机台班产量定额=（2×8×0.9）m^3/台班=14.4（m^3/台班）

该搅拌机时间定额=（1/14.4）台班/ m^3 =0.069（台班/m^3）

3.2.8 施工定额的应用

在使用施工定额时，主要有以下两种情况：

1. 直接套用

当工程项目的设计要求、施工条件及施工方法与定额项目表的内容、规定完全一致时，可以直接套用定额。

2. 调整换算

当工程设计要求、施工条件及施工方法与定额项目的内容及规定不完全相符时，应按规定调整换算。调整的方法一般采用系数调整和增减工日、材料数量调整。

【例 3.8】某宿舍楼砖外墙干粘石（分格），按施工定额工程量计算规则计算，干粘石工程量为 2 200 m^2，试分析工料消耗量。

已知：施工定额表墙面（裙）的干粘石子目录中，见表 3.3 所示：完成 10 m^2 的干粘石墙面施工需要综合人工 2.62 工日，水泥 92 kg，砂 324 kg，石子 60 kg。同时又规定墙面（裙）的干粘石施工定额项目以分格为准，不分格的时间消耗量乘以 0.85。

表 3.3 干粘石

工作内容：包括清扫、打底、弹线、嵌条、筛洗石渣、配色、抹光、起线、粘石等　　单位：10 m^2

编号	项目			人工			水泥	砂子	石渣	107 胶	甲基硅醇钠
				综合	技工	普工	kg				
147	墙面墙裙			2.62	2.08	0.54	92	324	60		
148	砼墙面	不打底	干粘石	1.85	1.48	0.37	53	104	60	0.26	
149			机喷石	1.85	1.48	0.37	49	46	60	4.25	0.4
150	柱		方柱	3.96	3.10	0.86	96	340	60		
151			圆柱	4.21	3.24	0.97	92	324	60		
152	窗盘心			4.05	3.11	0.94	92	324	60		

附注：1. 墙面（裙）、方柱以分格为准，不分格者，综合时间定额乘 0.85。

2. 窗盘心以起线为准，不带起线者，综合时间定额乘 0.8。

【解】查表 3.3 工料消耗量计算如下所示：

工日消耗量=220×2.62=576.40（工日）

水泥用量=220×92=20 240（kg）

砂子用量=220×324=71 280（kg）

石子用量=220×60=13 200（kg）

【例 3.9】某工程按企业定额工程量计算规则计算，墙裙干粘石（不分格）面积为 320 m^2，试计算其工料数量。

【解】由表 3.3 查得定额编号为 147 项，附注 1 规定：墙面（裙）、方柱以分格为准，不分格者，综合时间定额乘以 0.85。做法与规定不同需要调整，工料消耗量计算如下所示：

劳动工日用量 = 32×2.62×0.85=71.26（工日）

水泥用量=32×92=2 944（kg）

砂子用量=32×324=10 368（kg）

石子用量=32×60=1 920（kg）

3.3　预算定额

3.3.1　预算定额的概念

预算定额，是在正常的施工条件下，完成一定计量单位合格分项工程和结构构件所需消耗的人工、材料、机械台班数量及相应费用标准。如《云南省房屋建筑与装饰消耗量定额》中，一砖厚混水砖墙的定额项目中相应人工、机械台班数量及相应费用标准见表 3.4 所示。

表 3.4　一砖厚混水砖墙定额项目

定额编号				01040009
项目名称（单位 10 m^3）				混水砖墙
				1 砖
基价/元				952.82
其中	人工费/元			912.21
	材料费/元			5.94
	机械费/元			34.67
名　称		单位	单价/元	数量
材料	标准砖 240×115×53（mm）	千块	—	（5.30）
	砌筑混合砂浆 M5.0	m^3	—	（2.396）
	水	m^3	5.60	1.060
机械	灰浆搅拌机 200 L	台班	86.90	0.38

预算定额是工程建设中的一项重要的技术经济文件，是编制施工图预算的主要依据，是确定和控制工程造价的基础。

3.3.2 预算定额的作用

1. 预算定额是编制施工图预算、确定建筑安装工程造价的基础

施工图设计一经确定，工程预算造价就取决于预算定额水平和人工、材料及机械台班的价格。预算定额起着控制劳动消耗、材料消耗和机械台班使用的作用，进而起着控制建筑产品价格的作用。

2. 预算定额是编制施工组织设计的依据

施工组织设计的重要任务之一，是确定施工中所需人力、物力的供求量，并做出最佳安排。施工单位在缺乏本企业的施工定额的情况下，根据预算定额，亦能够比较精确地计算出施工中各项资源的需要量，为有计划地组织材料采购和预制件加工、劳动力和施工机械的调配，提供了可靠的计算依据。

3. 预算定额是工程结算的依据

工程结算是建设单位和施工单位按照工程进度对已完成的分部分项工程实现货币支付的行为。按进度支付工程款，需要根据预算定额将已完分项工程的造价算出。单位工程验收后，再按竣工工程量、预算定额和施工合同规定进行结算，以保证建设单位建设资金的合理使用和施工单位的经济收入。

4. 预算定额是施工单位进行经济活动分析的依据

预算定额规定的物化劳动和劳动消耗指标，是施工单位在生产经营中允许消耗的最高标准。施工单位必须以预算定额作为评价企业工作的重要标准，作为努力实现的目标。施工单位可根据预算定额对施工中的劳动、材料、机械的消耗情况进行具体的分析，以便找出并克服低功效、高消耗的薄弱环节，提高竞争能力。只有在施工中尽量降低劳动消耗，采用新技术、提高劳动者素质，提高劳动生产率，才能取得较好的经济效益。

5. 预算定额是编制概算定额的基础

概算定额是在预算定额基础上综合扩大编制的。利用预算定额作为编制依据，不但可以节省编制工作的大量人力、物力和时间，收到事半功倍的效果，还可以使概算定额在水平上与预算定额保持一致，以免造成执行中的不一致。

6. 预算定额是合理编制招标控制价、投标报价的基础

在深化改革中，预算定额的指令性作用将日益削弱，而施工单位按照工程个别成本报价的指导性作用仍然存在，因此预算定额作为编制招标控制价的依据和施工企业报价的基础性作用仍将存在，这也是由预算定额本身的科学性和指导性决定的。

3.3.3 预算定额的编制

1. 预算定额的编制原则

为保证预算定额的质量，充分发挥预算定额的作用，实际使用简便，在编制工作中应遵循以下原则：

（1）按社会平均水平确定预算定额的原则。预算定额是确定和控制建筑安装工程造价的主要依据。因此，它必须遵照价值规律的客观要求，即按生产过程中所消耗的社会必要劳动时间确定定额水平。所以预算定额的平均水平，是在正常的施工条件下，合理的施工组织和工艺条件、平均劳动熟练程度和劳动强度下，完成单位分项工程基本构造要素所需要的劳动时间。

（2）简明适用的原则。简明适用一是指在编制预算定额时，对于那些主要的，常用的、价值量大的项目，分项工程划分宜细；次要的、不常用的、价值量相对较小的项目则可以粗一些。二是指预算定额要项目齐全。要注意补充那些因采用新技术、新结构、新材料而出现的新的定额项目。如果项目不全，缺项多，就会使计价工作缺少充足的可靠的依据。三是要求合理确定预算定额的计算单位，简化工程量的计算，尽可能地避免同一种材料用不同的计量单位和一量多用，尽量减少定额附注和换算系数。

（3）坚持统一性和差别性相结合原则。统一性是从培育全国统一市场规范计价行为出发，由国务院建设行政主管部门归口，并负责全国统一定额的制定或修订等。通过编制全国统一定额，使建筑安装工程具有统一的计价依据，也使考核设计和施工的经济效果具有统一尺度。这样就有利于通过定额和工程造价的管理实现建筑安装工程价格的宏观调控。差别性是在统一性的基础上，各部门和省、自治区、直辖市主管部门可以在自己的管辖范围内，根据本部门和地区的具体情况，制定部门和地区性定额、补充性制度和管理办法，以适应我国幅员辽阔、地区间部门发展不平衡和差异大的实际情况。

2. 预算定额的编制依据

（1）现行劳动定额和施工定额。预算定额是在现行劳动定额和施工定额的基础上编制的。预算定额中人工、材料、机械台班消耗水平，需要根据劳动定额或施工定额取定；预算定额的计量单位的选择，也要以施工定额为参考，从而保证两者的协调和可比性，减轻预算定额的编制工作量，缩短编制时间。

（2）现行设计规范、施工及验收规范，质量评定标准和安全操作规程。

（3）具有代表性的典型工程施工图及有关标准图。对这些图纸进行仔细分析研究，并计算出工程数量，作为编制定额时选择施工方法确定定额含量的依据。

（4）新技术、新结构、新材料和先进的施工方法等。这类资料是调整定额水平和增加新的定额项目所必需的依据。

（5）有关科学实验、技术测定和统计、经验资料。这类工程是确定定额水平的重要依据。

（6）现行的预算定额、材料预算价格及有关文件规定等。包括过去定额编制过程中积累的基础资料，也是编制预算定额的依据和参考。

3. 预算定额编制工作的主要内容

（1）确定预算定额的项目和内容。预算定额项目的划分是在施工定额项目的基础上，经过综合和扩大确定的。与施工定额相比，预算定额除了需要规定人工、材料、机械的实物消耗量之外，还必须明确规定该定额项目所包括的综合工作内容。表 3.5 为《全国统一建筑工程基础定额》中砖石结构工程分部部分砖墙项目的示例。

表 3.5　砖墙定额示例

工作内容：调、运、铺砂浆，运砖；砌砖包括窗台虎头砖、腰线、门窗套；安装木砖、铁件等

计量单位：10 m^3

定额编号			4-9	4-10	4-11
项　目		单位	混水砖墙		
			1/2 砖	1 砖	1 砖半
人工	综合工日	工日	20.14	16.08	15.63
材料	水泥砂浆 M5	m^3	1.95	—	—
	水泥混合砂浆 M2.5	m^3	—	2.25	2.04
	普通黏土砖	千块	5.641	5.341	5.350
	水	m^3	1.33	1.06	1.07
机械	灰浆搅拌机 200 L	台班	0.33	0.38	0.40

（2）确定预算定额的计量单位。定额项目的计量单位应与项目的内容相适应。因此，预算定额的计量单位主要是根据分部分项工程和结构构件的形体特征及其变化确定。由于工作内容综合，预算定额的计量单位亦具有综合的性质。预算定额的计量单位关系到定额工作的繁简和准确性，因此，要正确地确定各分部分项工程的计量单位。此外，预算定额中各项人工、机械、材料的计量单位选择，相对比较固定。人工、机械按“工日”“台班”计量，一般取两位小数。主要材料的计量单位与产品计量单位基本一致，多取三位小数。如钢材、木材。

（3）按典型设计图纸和资料计算工程数量。通过计算出典型设计图纸所包括的施工过程的工程量，以使在编制预算定额时，有可能利用施工定额的劳动、机械和材料消耗指标确定预算定额所含工序的消耗量。

（4）确定预算定额各项目人工、材料和机械台班消耗指标。确定预算定额人工、材料、机械台班消耗指标时，必须先按施工定额的分项逐项计算出消耗指标，然后，再按预算定额的项目加以综合。但是，这种综合不是简单的合并和相加，而需要在综合过程中增加两种定额之间的适当的水平差。预算定额的水平，首先取决于这些消耗量的合理确定。人工、材料和机械台班消耗量指标，应根据定额编制原则和要求，采用理论与实际相结合、图纸计算与施工现场测算相结合、编制人员与现场工作人员相结合等方法进行计算和确定，使定额既符合政策要求，又与客观情况一致，便于贯彻执行。

（5）编制定额表格，拟定有关说明。定额项目表的一般格式是：横向排列为各分项工程的项目名称，竖向排列为分项工程的人工、材料和施工机械消耗量指标。（参见表 3.5）有的项目表下部，还有附注以说明设计有特殊要求时怎样进行调整和换算。预算定额的说明包括定额总说明、分部工程说明及各分项工程说明。涉及各分部需说明的共性问题列入总说明，

属某一分部需说明的事项列章节说明。说明要求简明扼要，但是必须分门别类注明，尤其是对特殊的变化，力求使用简便，避免争议。

3.3.4 预算定额人工、材料、机械台班消耗量指标的确定

人工、材料和机械台班消耗量指标，应根据定额编制原则和要求，采用理论与实际相结合、图纸计算与施工现场测算相结合、编制人员与现场工作人员相结合等方法进行计算和确定，使定额既符合政策要求，又与客观情况一致，便于贯彻执行。

1. 预算定额中人工工日消耗量的确定

1）预算定额中人工工日消耗量的含义

预算定额中人工工日消耗量是指在正常施工条件下，生产单位合格产品所必需消耗的人工工日数量。如表3.4定额子目（01040009）中：砌10 m^3一砖厚混水砖墙需912.21/63.88 =14.28工日。

2）预算定额中人工工日消耗量的组成

预算定额中人工工日消耗量的组成是由分项工程所综合的各个工序劳动定额包括的基本用工、其他用工两部分组成的。

（1）基本用工。基本用工指完成一定计量单位的分项工程或结构构件的各项工作过程的施工任务所必需消耗的技术工种用工。按技术工种相应劳动定额工时定额计算，以不同工种列出定额工日。基本用工包括：

① 完成定额计量单位的主要用工。按综合取定的工程量和相应劳动定额进行计算。计算公式如下：

$$基本用工=\sum（综合取定的工程量\times劳动定额） \quad (3.30)$$

例如工程实际中的砖基础，有1砖厚、1砖半厚、2砖厚等之分，用工各不相同，在预算定额中由于不区分厚度，需要按照统计的比例，加权平均得出综合的人工消耗。

② 按劳动定额规定应增（减）计算的用工量。例如在砖墙项目中，分项工程的工作内容包括了附墙烟囱孔、垃圾道、壁橱等零星组合部分的内容，其人工消耗量相应增加附加人工消耗。由于预算定额是在施工定额子目的基础上综合扩大的，包括的工作内容较多，施工的工效视具体部位而不一样，所以需要另外增加人工消耗，而这种人工消耗也可以列入基本用工内。

（2）其他用工。其他用工是辅助基本用工消耗的工日，包括超运距用工、辅助用工和人工幅度差用工。

① 超运距用工。超运距是指劳动定额中已包括的材料、半成品场内水平搬运距离与预算定额所考虑的现场材料、半成品堆放地点到操作地点的水平运输距离之差。计算公式如下：

$$超运距=预算定额取定运距-劳动定额已包括的运距 \quad (3.31)$$

$$超运距用工=\sum（超运距材料数量\times时间定额） \quad (3.32)$$

需要指出，实际工程现场运距超过预算定额取定运距时，可另行计算现场二次搬运费。

②辅助用工。辅助用工指技术工种劳动定额内不包括而在预算定额内又必须考虑的用工。例如机械土方工程配合用工、材料加工（筛砂、洗石、淋化石膏）、电焊点火用工等。计算公式如下：

$$辅助用工=\sum（材料加工数量\times相应的加工劳动定额） \tag{3.33}$$

③人工幅度差。人工幅度差即预算定额与劳动定额的差额，主要是指在劳动定额中未包括而在正常施工情况下不可避免但又很难准确计量的用工和各种工时损失。

内容包括：a.各工种间的工序搭接及交叉作业相互配合或影响所发生的停歇用工；b.施工机械在单位工程之间转移及临时水电线路移动所造成的停工；c.质量检查和隐蔽工程验收工作的影响；d.班组操作地点转移用工；e.工序交接时对前一工序不可避免的修整用工；f.施工中不可避免的其他零星用工。

人工幅度差计算公式如下：

$$人工幅度差=(基本用工+辅助用工+超运距用工)\times人工幅度差系数 \tag{3.34}$$

人工幅度差系数一般为 10%～15%。在预算定额中，人工幅度差的用工量列入其他用工量中。

3）预算定额中人工工日消耗量的确定方法

人工的工日数可以有两种确定方法。一种是以劳动定额为基础确定；另一种是以现场观察测定资料为基础计算，主要用于遇到劳动定额缺项时，采用现场工作日写实等测时方法测定和计算定额的人工耗用量。

【例 3.10】已知完成单位合格产品的基本用工为 22 工日，超运距用工为 4 工日，辅助用工为 2 工日，人工幅度差系数是 12%，计算预算定额中的人工工日消耗量。

【解】预算定额中人工工日消耗量包括基本用工、其他用工两部分。其他用工包括辅助用工、超运距用工和人工幅度差。

$$\begin{aligned}人工消耗指标&=（基本用工+辅助用工+超运距用工）\times（1+人工幅度差系数）\\&=[（22+4+2）\times（1+12\%）]=31.36（工日）\end{aligned} \tag{3.35}$$

2. 预算定额中材料消耗量的确定

1）预算定额中材料消耗量的含义

预算定额中材料消耗量是指在正常施工条件下，生产单位合格产品所必需消耗的各种材料的消耗数量。如表 3.4 所示的定额子目（01040009）中砌 10m^3 一砖厚混水砖墙需：标准砖 5.3 千块，砂浆 2.396 m^3，水 1.06 m^3。

2）预算定额中材料的分类

预算定额中的材料消耗指标包括主要材料、辅助材料、周转性材料和其他材料四项。

主要材料：直接构成工程实体的材料，其中包括产品、半成品的材料。

辅助材料：除主要材料以外的构成工程实体的材料，如垫木、钉子、铅丝等。

周转材料：脚手架、模板等多次周转使用的不构成工程实体的摊销性材料。

其他材料：用量少，难以计量的零星用料，如棉纱、编号用的油漆等。

3）预算定额中材料消耗量的确定方法

确定方法与施工定额中材料消耗量的确定方法基本一致，在此就不一一赘述。但必须注意的是，预算定额中材料的损耗率与施工定额中材料的损耗率不同。预算定额中材料的损耗率考虑的范围比施工定额中的要广，除了正常材料施工操作过程中的损耗，它还必须考虑施工现场范围内材料堆放、运输、制备等各方面的损耗。

3. 预算定额中机械消耗量的确定

1）预算定额中机械消耗量的含义

预算定额中的机械台班消耗量是指在正常施工条件下，生产单位合格产品（分部分项工程或结构构件）必须消耗的某种型号施工机械的台班数量。如表 3.4 所示的定额子目（01040009）中砌 10 m^3 一砖厚混水砖墙需：灰浆搅拌机 200 L 0.38 台班。

2）预算定额中的机械台班消耗量指标确定方法

预算定额中的机械台班消耗量指标确定方法有两种方法基础来确定。

（1）根据施工定额确定机械台班消耗量。这种方法是指施工定额或劳动定额中机械台班产量加机械幅度差计算预算定额的机械台班消耗量。

机械台班幅度差一般包括：正常施工组织条件下不可避免的机械空转时间；施工技术原因的中断及合理停滞时间；因供电供水故障及水电线路移动检修而发生的运转中断时间；因气候变化或机械本身故障影响工时利用的时间；施工机械转移及配套机械相互影响损失的时间；配合机械施工的工人因与其他工种交叉造成的间歇时间；因检查工程质量造成的机械停歇的时间；工程收尾和工作量不饱满造成的机械停歇时间，等。大型机械幅度差系数为：土方机械 25%，打桩机械 33%，吊装机械 30%。砂浆、混凝土搅拌机由于按小组配用，以小组产量计算机械台班产量，这类机械的消耗量不另增加机械幅度差。分部工程中如钢筋加工、木作、水磨石等各项专用机械的幅度差为 10%。

综上所述，预算定额的机械台班消耗量按下式计算：

预算定额机械台班消耗量=施工定额中机械消耗台班+机械幅度差　　（3.36）

预算定额机械台班消耗量=施工定额中机械消耗台班×（1+机械幅度差）（3.37）

【例 3.11】已知某挖土机挖土，一次正常循环工作时间是 40 s，每次循环平均挖土量 0.3 m^3，机械正常利用系数为 0.8，机械幅度差为 25%。求该机械挖土方 1 000 m^3 的预算定额机械耗用台班量。

【解】机械纯工作 1 h 循环次数=3 600/40=90（次/台时）

机械纯工作 1 h 正常生产率=90×0.3=27（m^3/台班）

施工机械台班产量定额=27×8×0.8=172.8（m^3/台班）

施工机械台班时间定额=1/172.8=0.005 79（台班/m^3）

预算定额机械耗用台班=0.005 79×（1+25%）=0.007 23（台班/m^3）

挖土方 1 000 m^3 的预算定额机械耗用台班量=1 000×0.007 23=7.23（台班）

（2）以现场测定资料为基础确定机械台班消耗量。遇到施工定额（劳动定额）缺项者，则需要依据机械单位时间完成产量的测定资料，经过分析、处理后确定机械台班消耗量。

3.3.5 预算定额人工、材料、机械台班单价及定额基价

1. 人工日工资单价的概念、组成及确定方法

1）人工工日单价的概念

人工日工资单价是指施工企业平均技术熟练程度的生产工人在每工作日（国家法定工作时间内）按规定从事施工作业应得的日工资总额，即指一个建筑安装工人一个工作日在预算中按现行有关政策法规规定应计入的全部人工费用。（如云南省有关文件规定为：63.88 元/工日）

2）人工工日单价的组成

人工工日单价的组成包括：

（1）计时工资和计件工资：按计时工资标准和工作时间或对已做工作按计件单价支付给个人的劳动报酬。

（2）津贴、补贴：为了补偿职工特殊或额外的劳动消耗和其他特殊原因支付给个人的津贴，以及为了保证职工工资水平不受物价影响支付给个人的物价补贴，如流动施工津贴、特殊地区施工津贴、高温（寒）作业临时津贴、高空津贴等。

（3）特殊情况下支付的工资：根据国家法律、法规和政策规定，因病、工伤、产假、计划生育假、婚丧假、事假、探亲假、定期休假、停工学习、执行国家或社会义务等原因按计时工资标准或计时工资标准的一定比例支付的工资。

3）人工日工资单价确定方法

（1）年平均每月法定工作日。由于人工日工资单价是每一个法定工作日的工资总额，因此需要对年平均每月法定工作日进行计算。计算公式如下：

$$\text{年平均每月法定工作日}=\frac{\text{全年日历日}-\text{法定假日}}{12} \tag{3.38}$$

公式（3.38）中，法定假日指双休日和法定节日。

（2）人工工资单价的计算。确定了年平均每月法定工作日后，将上述工资总额进行分摊，即形成了人工日工资单价。计算公式如下：

$$\text{日工资单价}=\frac{\text{生产工人平均月工资(计时、计件)}+\text{平均月(奖金}+\text{津贴补贴}+\text{特殊情况下支付的工资)}}{\text{年平均每月法定工作日}} \tag{3.39}$$

2. 材料单价的概念、组成及确定方法

1）材料单价的概念

材料单价是指材料（包括原材料、辅助材料、周转性材料、构配件、零件、半成品或成

品、工程设备等）从其来源地（或交货地点、供应者仓库提货地点）到达施工工地仓库（施工地点内存放材料的地点）后出库的综合平均价格。例如，C30商品混凝土260元/m^3。

2）材料单价的组成

材料单价的组成包括：

（1）材料原价：材料、工程设备的出厂价格或商家供应价格。

工程设备是指构成或计划构成永久工程一部分的机电设备、金属结构设备、仪器装置及其他类似的设备和装置。

（2）运杂费：材料、工程设备自来源地运至工地仓库或指定堆放地点所发生的全部费用。

（3）运输损耗费：材料在运输装卸过程中不可避免的损耗而产生的费用。

（4）采购及保管费：组织采购、供应和保管材料、工程设备的过程中所需要的各项费用，包括采购费、仓储费、工地包管费、仓储损耗。

3）材料单价的确定方法

（1）材料原价（或供应价格）。

材料原价是指国内采购材料的出厂价格，国外采购材料抵达买方边境、港口或车站并交纳完各种手续费、税费后形成的价格。在确定原价时，凡同一种材料因来源地、交货地、供货单位、生产厂家不同，而有几种价格（原价）时，根据不同来源地供货数量比例，采取加权平均的方法确定其综合原价。计算公式如下：

$$加权平均原价=\frac{K_1C_1+K_2C_2+\cdots+K_nC_n}{K_1+K_2+\cdots+K_n} \tag{3.40}$$

式中 K_1，K_2，…，K_n——各不同供应地点的供应量或各不同使用地点的需要量；

C_1，C_2，…，C_n——各不同供应地点的原价。

（2）材料运杂费。

材料运杂费是指国内采购材料自来源地、国外采购材料自到岸港运至工地仓库或指定堆放地点发生的费用。含外埠中转运输过程中所发生的一切费用和过境过桥费用，包括调车和驳船费、装卸费、运输费及附加工作费等。同一品种的材料有若干个来源地，应采用加权平均的方法计算材料运杂费。计算公式如下：

$$加权平均运杂费=\frac{K_1T_1+K_2T_2+\cdots+K_nT_n}{K_1+K_2+\cdots+K_n} \tag{3.41}$$

式中 K_1，K_2，…，K_n——各不同供应地点的供应量或各不同使用地点的需要量；

T_1，T_2，…，T_n——各不同运距的运费。

（3）材料的运输损耗费。

在材料的运输中应考虑一定的场外运输损耗费用。这是指材料在运输装卸过程中不可避免的损耗。运输损耗的计算公式如下：

$$运输损耗=（材料原价+运杂费）\times相应材料损耗率 \tag{3.42}$$

如题目无规定时，材料运输损耗率可参照按表3.6所示的数值确定。

表 3.6　材料运输损耗率表

材料类别	损耗率/%
机红砖、空心砖、沙、水泥、陶粒、耐火土、水泥地面砖、卫生洁具、玻璃灯罩	1
机制瓦、脊瓦、水泥瓦	3
石棉瓦、石子、耐火砖、玻璃、色石子、大理石板、水磨石板、混凝土管、缸瓦管	0.5
砌　块	1.5

（4）采购及保管费。

采购及保管费是指组织材料采购、检验、供应和保管过程中发生的费用，包含：采购费、仓储费、工地管理费和仓储损耗。

采购及保管费一般按照材料到库价格以费率取定。材料采购及保管费计算公式如下：

$$采购及保管费=材料运到工地仓库价格\times采购及保管费率（\%） \quad (3.43)$$

或

$$采购及保管费=（材料原价+运杂费+运输损耗费）\times采购及保管费率（\%） \quad (3.44)$$

综上所述，材料单价的一般计算公式为：

$$材料单价=[（供应价格+运杂费）\times（1+运输损耗率（\%））]\times[1+采购及保管费率（\%）] \quad (3.45)$$

【例 3.12】根据表 3.7 所示数据，计算一千块标准砖的综合预算价格。（按云南省现行材料预算价格组价方法计算）。

表 3.7　标准砖相关数据表

供应厂家	供应量/千块	出厂价/（元/千块）	综合运距/km	运费率/[元/（t·km）]	容重/（kg/块）	装卸费/（元/t）	采保费率/%	运输损耗/%
甲砖厂	150	160	12	0.84	2.6	2.2	2	1
乙砖厂	350	155	15	0.75				
丙砖厂	500	176	5	1.05				

【解】（1）求各砖厂供应比重。

甲砖厂：150/1 000=0.15

乙砖厂：350/1 000=0.35

丙砖厂：500/1 000=0.5

（2）求各砖厂标准砖的预算价格。

甲砖厂：（160+12×0.84×2.6+2.2×2.6）×1.01×1.02 =197.72（元/千块）

乙砖厂：（155+15×0.75×2.6+2.2×2.6）×1.01×1.02 =195.71（元/千块）

丙砖厂：（176+5×1.05×2.6+2.2×2.6）×1.01×1.02 =201.27（元/千块）

（3）标准砖每千块的综合预算价格。

197.72×0.15+195.71×0.35+201.27×0.5=198.79（元/千块）

3. 机械台班单价的概念、组成及确定方法

1）机械台班单价的概念

施工机械台班单价是指一台施工机械，在正常运转条件下一个工作班中所发生的全部费

用，每台班按8小时工作制计算。例如：200 L的灰浆搅拌机台班单价86.69元/台班。

2）机械台班单价的组成

根据《云南省施工机械及仪器仪表台班费用定额》的规定，施工机械台班单价由七项费用组成，包括折旧费、检修费、维护费、安拆费及场外运费、人工费、燃料动力费、其他费用等。

3）施工机械台班单价的确定方法

（1）折旧费。折旧费是指施工机械在规定的耐用总台班内，陆续收回其原值的费用。计算公式如下：

$$台班折旧费=\frac{机械预算价格\times(1-残值率)\times时间价值系数}{耐用总台班} \tag{3.46}$$

① 机械预算价格。国产机械预算价格按照机械原值、供销部门手续费和一次运杂费以及车辆购置税之和计算。进口机械的预算价格按照机械原值、关税、增值税、消费税、外贸手续费和国内运杂费、财务费、车辆购置税之和计算。

② 残值率。残值率是指机械报废时回收的残值占机械原值的百分比。残值率按目前有关规定执行：运输机械2%，掘进机械5%，特大型机械3%，中小型机械4%。

③ 时间价值系数。时间价值系数指购置施工机械的资金在施工生产过程中随着时间的推移而产生的单位增值。其计算公式如下：

$$时间价值系数=1+\frac{(折旧年限+1)}{2}\times年折现率(\%) \tag{3.47}$$

其中，年折现率应按编制期银行年贷款利率确定。

④ 耐用总台班。耐用总台班指施工机械从开始投入使用至报废前使用的总台班数，应按施工机械的技术指标及寿命期等相关参数确定。

机械耐用总台班的计算公式为：

$$\begin{aligned}耐用总台班&=折旧年限\times年工作台班\\&=大修理间隔台班\times大修理周期\end{aligned} \tag{3.48}$$

（2）检修费。检修费是指机械设备在规定的耐用总台班内，按规定的检修间隔进行必要的检修，以恢复机械正常功能所需的费用。其计算公式为：

$$检修费=\frac{一次检修费\times检修次数}{耐用总台班} \tag{3.49}$$

① 一次检修费。一次检修费指施工机械一次检修发生的工时费、配件费、辅料费、油燃料费等。

一次检修费应以施工机械的技术指标及寿命期等相关参数为基础，结合编制期市场价格综合确定。

② 检修次数。检修次数指施工机械在其耐用总台班内规定的检修次数，应参照施工机械的寿命期相关技术指标等参数确定。

（3）维护费。维护费是指机械设备在规定的耐用总台班内，按规定的维护间隔进行各级维护和临时故障排除所需的费用。包括为保障机械正常运转所需替换设备与随机配备工具附具的摊销和维护费用，机械运转及日常保养所需润滑与擦拭的材料费用及机械停滞期间的维护和保养费用等。其计算公式为：

$$\text{维护费} = \frac{[(\text{各级维护一次费用} \times \text{各级维护次数}) + \text{临时故障排除费}]}{\text{耐用总台班}} + \text{替换设备和工具附具台班摊销费} \quad (3.50)$$

① 各级维护一次费用应以施工机械的相关技术指标为基础，结合编制期市场价格综合取定。

② 各级维护次数应以施工机械的相关技术指标为基础取定。

③ 临时故障排除费用可按各级维护费用之和的3%取定。

④ 替换设备和工具附具台班摊销费的计算应以施工机械的相关技术指标为基础，结合编制期市场价格综合取定。

⑤ 当台班维护费计算公式中各项数值难以确定时，也可按下式计算：

$$\text{台班维护费} = \text{台班检修费} \times K \quad (3.51)$$

式中　K——台班维护系数。

（4）安拆费及场外运费。安拆费指施工机械在现场进行安装与拆卸所需的人工、材料、机械和试运转费用以及机械辅助设施的折旧、搭设、拆除等费用；场外运费指施工机械整体或分体自停放地点运至施工现场或由一施工地点运至另一施工地点的运输、装卸、辅助材料及架线等费用。

安拆费及场外运费根据施工机械不同分为计入台班单价、单独计算和不计算三种类型。

① 工地间移动较为频繁的小型机械及部分中型机械，其安拆费及场外运费应计入台班单价。台班安拆费及场外运费应按下列公式计算：

$$\text{台班安拆费及场外运费} = \frac{\text{一次安拆费及场外运费} \times \text{年平均安拆次数}}{\text{年工作台班}} \quad (3.52)$$

a. 一次安拆费应包括施工现场机械安装和拆卸一次所需的人工费、材料费、机械费及试运转费。

b. 一次场外运费应包括运输、装卸、辅助材料和架线等费用。

c. 年平均安拆次数应以《全国统一施工机械保养修理技术经济定额》为基础，由各地区（部门）结合具体情况确定。

d. 运输距离均应按 25 km 计算。

② 移动有一定难度的特、大型（包括少数中型）机械，其安拆费及场外运费应单独计算。

单独计算的安拆费及场外运费除应计算安拆费、场外运费外，还应计算辅助设施（包括基础、底座、固定锚桩、行走轨道枕木等）的折旧、搭设和拆除等费用，运输距离均应按 25km 计算。

③ 需要在施工现场进行安装拆卸的复杂机械、不能自行转移的机械。其安拆费及场外运费均单独计算。

（5）人工费。人工费指机上司机（司炉）和其他操作人员的人工费。按下列公式计算：

$$\text{台班人工费} = \text{人工消耗量} \times \text{人工单价} \quad (3.53)$$

① 人工消耗量指机上司机（司炉）和其他操作人员工日消耗量。

② 年制度工作日应执行编制期国家有关规定。

③ 人工日工资单价应执行编制期工程造价管理部门的有关规定。如：云南按63.88元/工日。

（6）燃料动力费。燃料动力费是指施工机械在运转作业中所耗用的固体燃料（煤、木柴）、液体燃料（汽油、柴油）及水、电等费用。计算公式如下：

$$\text{台班燃料动力费}=\text{台班燃料动力消耗量}\times\text{燃料动力预算价格单价} \quad (3.54)$$

① 燃料动力消耗量应根据施工机械技术指标及实测资料综合确定。

② 燃料动力单价应执行编制期工程造价管理部门的有关规定。

（7）其他费用。其他费用是指按照国家和有关部门规定应交纳的养路费、车船使用税、保险费及检测费等。

$$\text{台班其他费用}=\frac{\text{年养路费}+\text{年车船使用税}+\text{年保险费}+\text{年检费用}}{\text{年工作台班}} \quad (3.55)$$

① 年养路费、年车船使用税、年检费用应执行编制期有关部门的规定。

② 年保险费执行编制期有关部门强制性保险的规定，非强制性保险不应计算在内。

综上所述，机械单价的一般计算公式为：

$$\begin{aligned}\text{台班单价}=&\text{台班折旧费}+\text{台班检修费}+\text{台班维护费}+\text{台班安拆费及场外运费}+\\&\text{台班人工费}+\text{台班燃料动力费}+\text{台班其他费}\end{aligned} \quad (3.56)$$

4. 预算定额基价编制

预算定额基价就是预算定额分项工程或结构构件的单价，包括人工费、材料费和机械台班使用费，也称工料单价或单价。

预算定额基价一般通过编制单位估价表、地区单位估价表及设备安装价目表所确定的单价，用于编制施工图预算。在预算定额中列出的“预算价值”或“基价”，应视作该定额编制时的工程单价。

预算定额基价的编制方法，简单说就是工、料、机的消耗量和工、料、机单价的结合过程。其中，人工费是由预算定额中每一分项工程用工数，乘以地区人工工日单价计算算出；材料费是由预算定额中每一分项工程的各种材料消耗量，乘以地区相应材料预算价格之和算出；机械费是由预算定额中每一分项工程的各种机械台班消耗量，乘以地区相应施工机械台班预算价格之和算出。

分项工程预算定额基价的计算公式：

$$\text{分项工程预算定额基价}=\text{人工费}+\text{材料费}+\text{机械使用费} \quad (3.57)$$

$$\text{人工费}=\sum(\text{现行预算定额中人工工日用量}\times\text{人工日工资单价}) \quad (3.58)$$

$$\text{材料费}=\sum(\text{现行预算定额中各种材料耗用量}\times\text{相应材料单价}) \quad (3.59)$$

$$\text{机械使用费}=\sum(\text{现行预算定额中机械台班用量}\times\text{机械台班单价}) \quad (3.60)$$

预算定额基价是根据现行定额和当地的价格水平编制的，具有相对的稳定性。但是为了适应市场价格的变动，在编制预算时，必须根据工程造价管理部门发布的调价文件对固定的工程预算单价进行修正。修正后的工程单价乘以根据图纸计算出来的工程量，就可以获得符合实际市场情况的工程的。

如《云南省房屋建筑与装饰工程消耗量定额》中规定：

（1）本定额基价中人工不分工种、技术等级按综合工日计算后以人工费（指完成规定计量单位合格产品所需全部人工消耗量的费用额度）表示。内容包括基本用工、辅助用工、超运距用工及人工幅度差。

（2）本定额基价中材料分计价材和未计价材，凡带有“( )”的消耗量的材料或半成品，为未计价材，定额基价中均不包括未计价材价值。其价值应根据“( )”内所列的定额消耗量，根据市场价行情确定的市场价格计入造价；凡定额已注明单价的材料为计价材，其计价材料费已计入定额基价中。

（3）本定额基价中机械已按合理的施工方法及施工企业的常用机械类型确定。除已注明的机型、规格外，结合我省实际按加权平均综合取定，套用定额时，除定额规定允许调整换算外均不得调整。定额中的次要机械综合为其他机械费以“元”表示。

【例 3.13】《云南省房屋建筑与装饰工程消耗量定额》中砖基础预算定额基价的编制过程如表 3.8 所示。已知未计价材料的单价为 M5.0 水泥砂浆 230 元/m^3，标准砖 300 元/千块。求其中定额子目 01040001 的定额基价。

表 3.8 某预算定额基价表 单位：10 m^3

定额编号				01040001	01040002	01040003
项目名称				砖基础	单面清水墙	
					1/2 砖	3/4 砖
基价/元				820.00	1 325.12	1 305.84
其中	人工费			778.06	1 288.46	1 266.74
	材料费			5.88	6.33	6.16
	机械费			36.06	30.33	32.94
名 称		单位	单价/元	数 量		
材料	标准砖 240×115×53/mm	千块	—	（5.24）	（5.541）	（5.410）
	砌筑混合砂浆 M5.0	m^3	—	—	—	—
	砌筑水泥砂浆 M5.0	m^3	—	（2.49）	（2.096）	—
	水	m^3	5.6	1.05	1.130	1.100
机械	灰浆搅拌机 200 L	台班	86.90	0.415	0.349	0.379

注：定额基价中未包括未计价材费。

【解】定额人工费=778.06（元/10 m^3）

定额计价材料费=5.6×1.05=5.88（元/10 m^3）

定额未计价材料费=5.24×300+2.49×230=2 144.7（元/10 m^3）

定额机械台班费=86.90×0. 415=36.06（元/10 m^3）

定额基价=778.06+5.88+2144.7+36.06=2 964.70（元/10 m^3）

或

定额基价=不完全定额基价+定额未计价材料费

=820+5.24×300+2.49×230=2 964.70（元/10m^3）

3.3.6 工程单价及单位估价表

1. 工程单价的概念及作用

1）工程单价的概念

工程单价也称为分部分项工程单价，是指一定计量单位建筑安装产品的不完全价格。通常是指建筑安装工程的预算单价和概算单价。

2）工程单价的作用

分部分项工程单价，可确定和控制工程造价。也可作为编制设计概算、施工图预算、标底、拦标价、投标报价、工程进度款的拨付以及竣工结算的主要依据。

2. 单位估价表的概念及内容组成

1）单位估价表的概念

单位估价表，是以货币形式确定定额计量单位某分部分项工程或结构构件的计算表格文件。它是根据预算定额所确定的人工、材料、机械台班消耗数量乘以人工工资单价、材料预算价格、机械台班单价汇总而成。

2）单位估价表的内容组成

单位估价表的内容由两部分组成：一是预算定额规定的人工、材料、机械台班的消耗数量；二是地区的人工工资单价、材料预算价格、机械台班单价。

总之，编制单位估价表就是把三种“量”与“价”分别结合起来，得出分部分项工程的人工费、材料费、机械费，三者汇总即为分部分项工程单价，即类似于定额基价的编制过程。而单位估价表即是预算定额在各地区的价格表现的具体形式。

3. 工程单价的种类

1）按适用对象划分

（1）建筑工程单价。

（2）安装工程单价。

2）按用途划分

（1）预算单价。如单位估价表、单位估价汇总表和安装价目表中所计算的分部分项工程单价，在预算定额中列出的“基价”，都应视作该定额编制时的分部分项工程单价。

（2）概算单价。如在概算定额中所列出的“基价”，即为分部分项工程单价。

3）按适用范围划分

（1）地区单价。根据地区性定额和价格等资料编制，在地区范围内使用的工程单价属地区单价。如地区单位估价表和汇总表所计算和列出的预算单价。

（2）个别单价。这是为适应个别工程编制概算或预算的需要而计算出分部分项工程单价。

4）按编制依据划分

（1）定额单价。

（2）补充单价。

5）按单价的综合程度划分

（1）直接费单价。如预算定额中的“基价”，只包括人工费、材料费、机械费。

（2）综合单价。如：工程量清单计价中的“综合单价”，除了包括“人工费、材料费、机械费”外，还包括“管理费、利润”。

（3）完全单价。即在单价中既包含人工费、材料费、机械费、管理费、利润，也含规费和税金。

3.3.7 预算定额的应用

正确应用预算定额是指根据分部分项工程项目的内容正确地套用定额相应项目，确定定额基价，计算其人材机的消耗量。预算定额的应用包括直接套用、换算和补充三个方面。

1. 预算定额的直接套用

当施工图的设计要求与预算定额的项目内容一致时，可直接套用预算定额。直接套用定额指直接使用定额项目中的基价、人工费、机械费、材料费、各种材料用量及各种机械台班耗用量，编制施工图预算。在编制单位工程施工图预算的过程中，大多数分项工程项目可以直接套用预算定额。套用预算定额时应注意以下几点：

（1）根据施工图、设计说明、标准图作法说明，选择预算定额项目。

（2）应从工程内容、技术特征和施工方法上仔细核对，才能较准确地确定与施工图相对应的预算定额项目。

（3）施工图中分项工程的名称、内容和计量单位要与预算定额项目相一致。

【例 3.14】某工程基础，采用标准砖、M5.0 水泥砂浆砌筑，砖基础工程量 200m^3，计算完成该分项工程的直接工程费。据当时当地市场价格信息得知：M5.0 水泥砂浆砌筑（水泥 P.S32.5，细砂）220.68 元/ m^3；标准砖 360 元/千块。

【解】（1）查定额编号 01010004。

定额基价： 820+ 5.24×360 +2.49×220.68 =3 255.89（元/10 m^3）

其中：人工费：778.06 （元/10 m^3）

材料费：5.88 +（5.24×360+2.49×260）= 2 435.89（元/10 m^3）

机械费：37.63（元/10 m^3）

（2）计算该分项工程含未计价材的直接工程费。

3 255.89×200/10= 65 117.8（元）

【例 3.15】M5.0 混合砂浆砌 2 砖厚单面清水挡土墙 50 m^3。已知标准砖的单价为 300 元/千块，M5.0 混合砂浆单价为 260 元/m^3。计算完成该分项工程的直接工程费。

提示：2013 版《云南省房屋建筑与装饰消耗量定额》第四章说明第一.5 条规定：砖砌挡土墙，2 砖以上套用砖基础定额，2 砖以内套用砖墙定额。

【解】（1）查定额编号 01040006。

定额基价：1023.49+（5.209×300+2.596×260）=3 261.15（元/10 m^3）

其中：人工费：979.92（元/10 m^3）

材料费：5.94 +（5.209×300+2.596×260）= 2 243.6（元/10 m^3）

机械费：36.06（元/10 m^3）

（2）计算该分项工程的直接工程费。

3 261.15 ×50/10 = 16 305.75（元）

【例 3.16】现浇 C20 钢筋混凝土水平遮阳板 100m^3。已知现浇 C20 混凝土的单价为 280 元/m^3。计算完成该分项工程的直接工程费。

提示：2013 版《云南省房屋建筑与装饰消耗量定额》第五章说明第二.7 条规定：现浇钢筋混凝土水平遮阳板按挑檐天沟定额执行。

【解】（1）查定额编号 01050058。

定额基价：2139.84+10.15×280=4 981.84（元/10 m^3）

其中：人工费：1646.83 元/10 m^3

材料费：201.59+10.15×280=3 043.59（元/10 m^3）

机械费：291.42 元/10 m^3

（2）计算该分项工程的直接工程费。

4 981.84×（100/10）= 49 818.4（元）

2. 预算定额的换算套用

编制预算时，若施工图中的分项工程项目不能直接套用预算定额，就产生了定额的换算。换算后的定额项目应在定额编号的右下角标注一个“换”字，以示区别。

为了保持原定额的水平，在预算定额的说明中规定了有关换算原则，一般包括：

如施工图设计的分项工程项目中砂浆、混凝土强度等级与定额对应项目不同时，允许按定额附录的砂浆、混凝土配合比表进行换算，但配合比表中规定的各种材料用量不得调整。

系数换算：按规定对定额基价及定额中的人工费、材料费、机械费乘以各种系数的换算。

其他换算：除上述 2 种情况以外的预算定额换算。

【例 3.17】计算人工挖土方 10 m^3（二类土，深 1.5m）的直接工程费。

提示：2013 版《云南省房屋建筑与装饰消耗量定额》第一章说明第二.11 条规定：本本分部定额土方工程均按三类土编制，如实际是一、二、四类土时，分别按三类土相应定额子目乘以下列系数。按表 3.9 所示调整人工工日、机械台班。

表 3.9　一、二、四类土时人工工日、机械台班的系数调整表

项　目	计算基数	一、二类土	四类土
人工土方	人工工日	0.6	1.45
机械土方	机械台班	0.84	1.18

【解】（1）查定额编号 $01010001_{换}$。

（2）定额换算。

换算后定额基价：1 013.47（元/100 m^3）

其中：人工费：1 689.11 ×0.6 = 1 013.47（元/100 m^3 ）

（3）计算该分项工程的直接工程费。

1 013.47×（10/100）= 101.35（元）

【例 3.18】计算人工挖土方 10 m^3（三类土，深 3 m）的直接工程费，已知人工单价 63.88 元/工日。

提示：2013 版《云南省房屋建筑与装饰消耗量定额》第一章说明第三.4 条规定：人工挖土方深度超过 1.5 m 时，按表 3.10 增加工日。

表 3.10 人工挖土方超深增加工日表 单位：100 m^3

深 2 m 以内	深 4 m 以内	深 6 m 以内
5.55 工日	17.60 工日	26.16 工日

【解】（1）查定额编号 01010001 换。

（2）定额换算。

换算后定额基价：2 813.40（元/100 m^3 ）

其中：人工费：1 689.11 +17.60×63.88 = 2 813.40（元/100 m^3 ）

（3）计算该分项工程的直接工程费。

2 813.40×（10/100）= 281.34（元）

【例 3.19】计算 M5.0 水泥砂浆砌弧形砖基础 50 m^3。已知标准砖的单价为 300 元/千块，M5.0 水泥砂浆单价为 220 元/m^3。计算该分项工程的直接工程费。

提示：2013 版《云南省房屋建筑与装饰消耗量定额》第四章说明第一.4 条规定：弧形砖基础套用砖基础定额，其人工乘以系数 1.1。

【解】（1）查定额编号 01040001 换。

（2）定额换算。

换算后定额基价：01040001 换 = 3 017.61（元/10 m^3）

其中：人工费：778.06×1.1 = 855.87（元/10 m^3）

材料费：5.88+5.24×300+2.49×220=2 125.68（元/10 m^3）

机械费：36.06（元/10 m^3）

（3）计算该分项工程的直接工程费。

3 017.61×（50/10）= 15 088.05（元）

3. 预算定额的补充

当分项工程或结构构件项目在定额中缺项，而又不属于定额调整换算范围之内，无定额项目可套时，应编制补充定额。如图 3.3、图 3.4 所示。

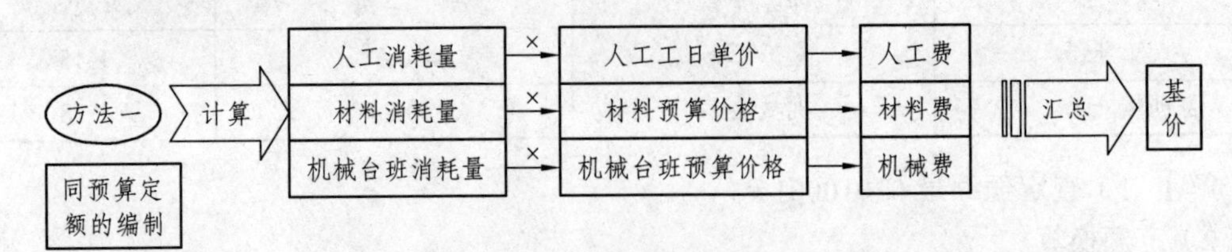

图 3.3 编制补充预算定额的方法一图示

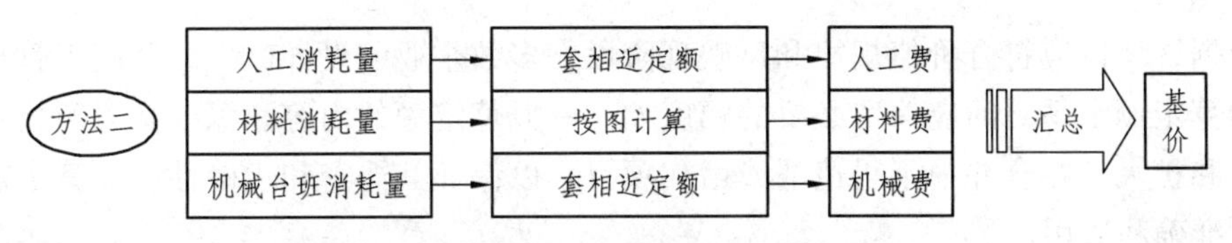

图 3.4 编制补充预算定额的方法二图示

3.4 概算定额和概算指标

3.4.1 概算定额

1. 概算定额的概念

概算定额，是在预算定额基础上，确定完成合格的单位扩大分项工程或单位扩大结构构件所需消耗的人工、材料和施工机械台班的数量标准及其费用标准。概算定额又称扩大结构定额。

概算定额是预算定额的综合与扩大。它将预算定额中有联系的若干个分项工程项目综合为一个概算定额项目。如砖基础概算定额项目，就是以砖基础为主，综合了平整场地、挖地槽、铺设垫层、砌砖基础、铺设防潮层、回填土及运土等预算定额中分项工程项目。概算定额与预算定额的相同之处在于，它们都是以建（构）筑物各个结构部分和分部分项工程为单位表示的，内容也包括人工、材料和机械台班使用量定额三个基本部分，并列有基准价。概算定额表达的主要内容、表达的主要方式及基本使用方法都与预算定额相近。

概算定额与预算定额的不同之处，在于项目划分和综合扩大程度上的差异，同时，概算定额主要用于设计概算的编制。由于概算定额综合了若干分项工程的预算定额，因此使概算工程量计算和概算表的编制，都比编制施工图预算简化一些。

2. 概算定额的作用

（1）概算定额是初步设计阶段编制概算、扩大初步设计阶段编制修正概算的主要依据。

（2）概算定额是对设计项目进行技术经济分析比较的基础资料之一。

（3）概算定额是建设工程主要材料计划编制的依据。

（4）概算定额是控制施工图预算的依据。

（5）概算定额是施工企业在准备施工期间，编制施工组织总设计或总规划时，对生产要素提出需要量计划的依据。

（6）概算定额是工程结束后，进行竣工决算和评价的依据。

（7）概算定额是编制概算指标的依据。

3. 概算定额的编制原则和编制依据

1）概算定额的编制原则

概算定额应该贯彻社会平均水平和简明适用的原则。由于概算定额和预算定额都是工程计价的依据，所以应符合价值规律和反映现阶段大多数企业的设计、生产及施工管理水平。但在概预算定额水平之间应保留必要的幅度差。一概算定额的内容和深度是以预算定额为基础的综合和扩大。在合并中不得遗漏或增加项目，以保证其严密和正确性。概算定额务必达到简化、准确和适用。

2）概算定额的编制依据

由于概算定额的使用范围不同，其编制依据也略有不同。其编制依据一般有以下几种：

（1）现行的设计规范、施工验收技术规范和各类工程预算定额。

（2）具有代表性的标准设计图纸和其他设计资料。

（3）现行的人工工资标准、材料价格、机械台班单价及其他的价格资料。

4. 概算定额手册的内容

按专业特点和地区特点编制的概算定额手册，内容基本上是由文字说明、定额项目表和附录三个部分组成。

1）概算定额的内容与形式

（1）文字说明部分。文字说明部分有总说明和分部工程说明。在总说明中，主要阐述概算定额的编制依据、使用范围、包括的内容及作用、应遵守的规则及建筑面积计算规则等。分部工程说明主要阐述本分部工程包括的综合工作内容及分部分项工程的工程量计算规则等。

（2）定额项目表。主要包括以下内容：

①定额项目的划分。概算定额项目一般按以下两种方法划分：一是按工程结构划分：一般是按土石方、基础、墙、梁板柱、门窗、楼地面、屋面、装饰、构筑物等工程结构划分。二是按工程部位（分部）划分：一般是按基础、墙体、梁柱、楼地面、屋盖、其他工程部位等划分，如基础工程中包括了砖、石、混凝土基础等项目。

②定额项目表。定额项目表是概算定额手册的主要内容，由若干分节定额组成。各节定额有工程内容、定额表及附注说明组成。定额表中列有定额编号、计量单位、概算价格、人工、材料、机械台班消耗量指标，综合了预算定额的若干项目与数量。表 3.11 为某现浇钢筋混凝土矩形柱概算定额。

2）概算定额应用规则

（1）符合概算定额规定的应用范围。

（2）工程内容、计量单位及综合程度应与概算定额一致。

（3）必要的调整和换算应严格按定额的文字说明和附录进行。

（4）避免重复计算和漏项。

（5）参考预算定额的应用规则。

表 3.11 某现浇钢筋混凝土柱概算定额

工作内容：模板安拆、钢筋绑扎安放、混凝土浇捣养护

定额编号			3002	3003	3004	3005	3006
项 目			现浇钢混凝土柱				
			矩 形				
			周长 1.5 m 以内	周长 2.0 m 以内	周长 2.5 m 以内	周长 3.0 m 以内	周长 3.0 m 以外
			m^3	m^3	m^3	m^3	m^3
工、料、机名称（规格）		单位	数 量				
人工	混凝土工	工日	0.818 7	0.818 7	0.818 7	0.818 7	0.818 7
	钢筋工	工日	1.103 7	1.103 7	1.103 7	1.103 7	1.103 7
	木工（装饰）	工日	4.767 6	4.083 2	3.059 1	2.179 8	1.492 1
	其他工	工日	2.034 2	1.790 0	1.424 5	1.110 7	0.865 3
材料	泵送预拌混凝土	m^3	1.015 0	1.015 0	1.015 0	1.015 0	1.015 0
	木模板成材	m^3	0.036 3	0.031 1	0.023 3	0.016 6	0.014 4
	工具式组合钢模板	kg	9.708 7	8.315 0	6.229 4	4.438 8	3.038 5
	扣件	只	1.179 9	1.010 5	0.757 1	0.539 4	0.369 3
	零星卡具	kg	3.735 4	3.199 2	2.396 7	1.707 8	1.169 0
	钢支撑	kg	1.290 0	1.104 9	0.827 7	0.589 8	0.403 7
	柱箍、梁夹具	kg	1.957 9	1.676 8	1.256 3	0.895 2	0.612 8
	钢丝 $18^{\#}\sim22^{\#}$	kg	0.902 4	0.902 4	0.902 4	0.902 4	0.902 4
	水	m^3	1.276 0	1.276 0	1.276 0	1.276 0	1.276 0
	圆钉	kg	0.747 5	0.640 2	0.479 6	0.341 8	0.234 0
	草袋	m^2	0.086 5	0.086 5	0.086 5	0.086 5	0.086 5
	成型钢筋	t	0.193 9	0.193 9	0.193 9	0.193 9	0.193 9
	其他材料费	%	1.090 6	0.957 9	0.746 7	0.552 3	0.391 6
机械	汽车式起重机 5t	台班	0.028 1	0.024 1	0.018 0	0.012 9	0.008 6
	载重汽车 4t	台班	0.042 2	0.036 1	0.027 1	0.019 3	0.013 2
	混凝土输送泵车 75 m^3/h	台班	0.010 8	0.010 8	0.010 8	0.010 8	0.010 8
	木工圆锯机 ϕ500 mm	台班	0.010 5	0.009 0	0.006 8	0.004 8	0.003 3
	混凝土振捣器 插入式	台班	0.100 0	0.100 0	0.100 0	0.100 0	0.100 0

3.4.2 概算指标

1. 概算指标的概念

建筑安装工程概算指标通常是以单位工程为对象，以建筑面积、体积或成套设备装置的台或组为计量单位而规定的人工、材料、机械台班的消耗量标准和造价指标。

2. 概算指标的作用

（1）概算指标可以作为编制投资估算的参考。

（2）概算指标是初步设计阶段编制概算书，确定工程概算造价的依据。

（3）概算指标中的主要材料指标可以作为匡算主要材料用量的依据。

（4）概算指标是设计单位进行设计方案比较、设计技术经济分析的依据。

（5）概算指标是编制固定资产投资计划，确定投资额和主要材料计划的主要依据。

3. 概算定额与概算指标的主要区别

1）确定各种消耗量指标的对象不同

概算定额是以单位扩大分项工程或单位扩大结构构件为对象，而概算指标则是以单位工程为对象。因此概算指标比概算定额更加综合与扩大。

2）确定各种消耗量指标的依据不同

概算定额以现行预算定额为基础，通过计算之后才综合确定出各种消耗量指标，而概算指标中各种消耗量指标的确定，则主要来自各种预算或结算资料。

4. 概算指标的分类和表现形式

1）概算指标的分类

概算指标可分为两类，一类是建筑工程概算指标，另一类是安装工程概算指标，具体如图 3.5 所示。

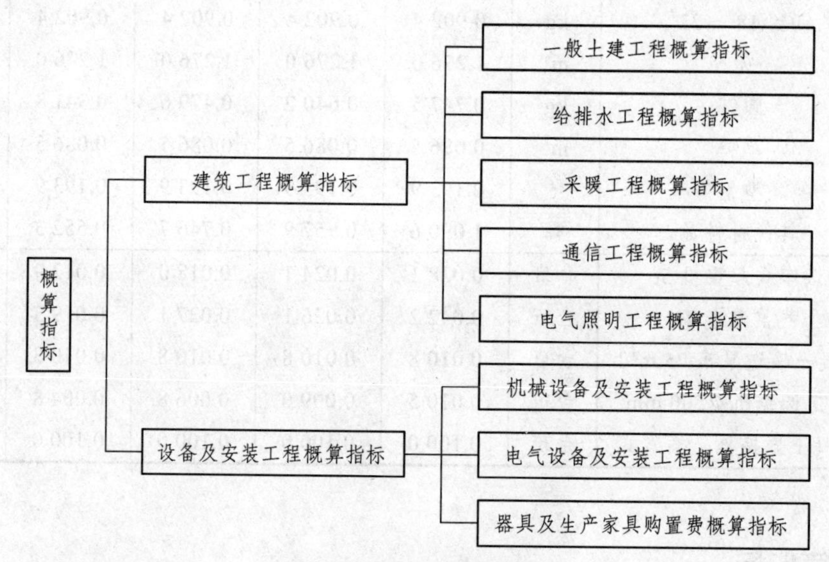

图 3.5 概算指标分类图

2）概算指标的表现形式

概算指标在具体内容的表示方法上，分综合指标和单项指标两种形式。

（1）综合概算指标。综合概算指标是按照工业或民用建筑及其结构类型而制定的概算指标。综合概算指标的概括性较大，其准确性、针对性不如单项指标。

（2）单项概算指标。单项概算指标是指为某种建筑物或构筑物而编制的概算指标。单项概算指标的针对性较强，故指标中对工程结构形式要作介绍。只要工程项目的结构形式及工程内容与单项指标中的工程概况相吻合，编制出的设计概算就比较准确。

5. 概算指标的编制依据

（1）标准设计图纸和各类工程典型设计。

（2）国家颁发的建筑标准、设计规范、施工规范等。

（3）各类工程造价资料。

（4）现行的概算定额和预算定额及补充定额。

（5）人工工资标准、材料预算价格、机械台班预算价格及其他价格资料。

6. 概算指标编制的主要内容

概算指标的组成内容一般分为文字说明和列表形式两部分，以及必要的附录。

1）总说明和分册说明

其内容一般包括：概算指标的编制范围、编制依据、分册情况、指标包括的内容、指标未包括的内容、指标的使用方法、指标允许调整的范围及调整方法等。

2）列表形式

这部分内容又包括建筑工程列表和安装工程列表两种。

（1）建筑工程列表。

建筑工程列表形式一般分为示意图、工程结构特征、经济指标、构造内容及工程量指标和人工及主要材料消耗量指标五个部分。

① 示意图。表明工程的结构形式。对于工业项目，还应表示出吊车及起重能力等。

② 工程结构特征。对采暖工程特征应列出采暖热煤及采暖形式；对电气照明工程特征可列出建筑层数、结构类型、配线方式、灯具名称等；对房屋建筑工程特征主要是对工程的结构形式、层高、层数和建筑面积进行说明。

③ 经济指标。如表3.12所示，说明该项目每100 m^2的造价指标及其中土建、水暖和电照等单位工程的相应造价。

④ 构造内容及工程量指标。说明该工程项目的构造内容和相应计算单位的工程量指标及人工、材料消耗指标。

表3.12　内浇外砌住宅经济指标　　单位：元/100 m^2建筑面积

单方造价		合计	其中			
			直接费	间接费	利润	税金
		37 745	21 860	5 576	1 893	1 093
其中	土建	32 424	18 778	4 790	1 626	939
	水暖	3 182	1 843	470	160	92
	电照	2 139	1 239	316	107	62

⑤ 人工、主要材料消耗指标，如表3.13所示。

表 3.13　内浇外砌住宅人工及主要材料消耗指标　　单位：100 m² 建筑面积

序号	名称及规格	单位	数量	序号	名称及规格	单位	数量
一、土建				二、水暖			
1	人工	工日	506	1	人工	工日	39
2	钢筋	t	3.25	2	钢管	t	0.18
3	型钢	t	0.13	3	暖气片	m2	20
4	水泥	t	18.10	4	卫生器具	套	2.35
5	白灰	t	2.10	5	水表	个	1.84
6	沥青	t	0.29	三、电照			
7	红砖	千块	15.10				
8	木材	m^3	4.10	1	人工	工日	20
9	砂	m^3	41	2	电线	m	283
10	砾石	m^3	30.5	3	钢管	t	0.04
11	玻璃	m^2	29.2	4	灯具	套	8.43
12	卷材	m^2	80.8	5	电表	个	1.84
				6	配电箱	台	6.1
				四、机械使用率		%	7.5
				五、其他材料费		%	19.57

（2）安装工程列表。

安装工程的列表，设备以“t”或“台”为计算单位，或以设备购置费或设备原价的百分比（%）表示；工艺管道一般以“t”为计算单位。列出指标编号、项目名称、规格、综合指标（元/计算单位）之后一般还要列出其中的人工费，必要时还要列出主要材料费、辅材费。

7. 概算指标的应用

概算指标的应用比概算定额具有更大的灵活性。由于概算指标综合性很强，因此在选用概算指标时要十分慎重，选用的指标与设计对象在各个方面应尽量一致或接近，以提高准确性。如果设计对象的结构特征与概算指标的规定有局部差异时，需要对指标的局部内容进行调整、换算后再进行套用。

3.5 投资估算指标

3.5.1 投资估算指标的概念

工程造价估算指标是确定生产一定计量单位（如 m²、m³ 或幢、座等）建筑安装工程的造价和工料消耗的标准。主要是选择具有代表性的、符合技术发展方向的、数量足够的并具有重复使用可能的设计图纸及其工程量的工程造价实例，经筛选、统计分析后综合取定。

3.5.2 投资估算指标的作用

（1）工程建设投资估算指标是编制建设项目建议书、可行性研究报告等前期工作阶段投资估算的依据，也可以作为编制固定资产长远规划投资额的参考。与概预算定额相比较，估算指标以独立的建设项目、单项工程或单位工程为对象，综合项目全过程投资和建设中的各类成本和费用，反映出其扩大的技术经济指标，既是定额的一种表现形式，又不同于其他的计价定额。

（2）投资估算指标为完成项目建设的投资估算提供依据和手段，它在定资产的形成过程中起着投资预测、投资控制、投资效益分析的作用，是合理确定项目投资的基础。

（3）投资估算指标中的主要材料消耗量也是一种扩大材料消耗量指标，可以作为计算建设项目主要材料消耗量的基础。

（4）估算指标的正确制定对于提高投资估算的准确度、对建设项目的合理评估、正确决策具有重要意义。

3.5.3 投资估算指标的编制原则

由于投资估算指标属于项目建设前期进行估算投资的技术经济指标，它不但要反映实施阶段的静态投资，还必须反映项目建设前期和交付使用期内发生的动态投资，以投资估算指标为依据编制的投资估算，包含项目建设的全部投资额。这就要求投资估算指标比其他各种计价定额具有更大的综合性和概括性。因此，投资估算指标的编制工作，除应遵循一般定额的编制原则外，还必须坚持以下原则：

（1）投资估算指标项目的确定，应考虑以后几年编制建设项目建议书和可行性研究报告投资估算的需要。

（2）投资估算指标的分类、项目划分、项目内容、表现形式等要结合各专业的特点，并且要与项目建议书、可行性研究报告的编制深度相适应。

（3）投资估算指标的编制内容，典型工程的选择，必须遵循国家的有关建设方针政策，符合国家技术发展方向，贯彻国家发展方向原则，使指标的编制既能反映正常建设条件下的造价水平，也能适应今后若干年的科技发展水平。坚持技术上先进、可行和经济上的合理，力争以较少的投入取得最大的投资效益。

（4）投资估算指标的编制要反映不同行业、不同项目和不同工程的特点，投资估算指标要适应项目前期工作深度的需要，而且具有更大的综合性。投资估算指标要密切结合行业特点，项目建设的特定条件，在内容上既要贯彻指导性、准确性和可调性原则，又要有一定的深度和广度。

（5）投资估算指标的编制要贯彻静态和动态相结合的原则。要充分考虑在市场经济条件下，由于建设条件、实施时间、建设期限等因素的不同，考虑到建设期的动态因素，即价格、建设期利息及涉外工程的汇率等因素的变动，导致指标的量差、价差、利息差、费用差等“动态”因素对投资估算的影响，对上述动态因素给予必要的调整办法和调整参数，尽可能减少这些动态因素对投资估算准确度的影响，使指标具有较强的实用性和可操作性。

3.5.4 投资估算指标的内容

投资估算指标是确定和控制建设项目全过程各项投资支出的技术经济指标，其范围涉及建设前期、建设实施期和竣工验收交付使用期等各个阶段的费用支出，内容因行业不同而各异，一般可分为建设项目综合指标、单项工程指标和单位工程指标三个层次。表 3.14 为某住宅项目的投资估算指标示例。

1. 建设项目综合指标

指按规定应列入建设项目总投资的从立项筹建开始至竣工验收交付使用的全部投资额，包括单项工程投资、工程建设其他费用和预备费等。建设项目综合指标一般以项目的综合生产能力单位投资表示，如“元/t”“元/kW”。或以使用功能表示，如医院床位：“元/床”。

2. 单项工程指标

指按规定应列入能独立发挥生产能力或使用效益的单项工程内的全部投资额，包括建筑工程费、安装工程费、设备、工器具及生产家具购置费和可能包含的其他费用。单项工程一般划分原则如下：

表 3.14 建设项目投资估算指标

<table>
<tr><td colspan="8">一、工程概况（表一）</td></tr>
<tr><td>工程名称</td><td>住宅楼</td><td colspan="2">工程地点</td><td>××市</td><td>建筑面积</td><td colspan="2">4 549 m²</td></tr>
<tr><td>层数</td><td>七层</td><td>层高</td><td>3.00 m</td><td>檐高</td><td>21.60 m</td><td>结构类型</td><td>砖混</td></tr>
<tr><td>地耐力</td><td>130 kPa</td><td colspan="2">地震烈度</td><td>7 度</td><td>地下水位</td><td colspan="2">−0.65 m、−0.83 m</td></tr>
<tr><td rowspan="12">土建部分</td><td colspan="2">地基处理</td><td colspan="5"></td></tr>
<tr><td colspan="2">基础</td><td colspan="5">C10 混凝土垫层，C20 钢筋混凝土带形基础，砖基础</td></tr>
<tr><td rowspan="2">墙体</td><td>外</td><td colspan="5">一砖墙</td></tr>
<tr><td>内</td><td colspan="5">一砖、1/2 砖墙</td></tr>
<tr><td colspan="2">柱</td><td colspan="5">C20 钢筋混凝土构造柱</td></tr>
<tr><td colspan="2">梁</td><td colspan="5">C20 钢筋混凝土单梁、圈梁、过梁</td></tr>
<tr><td colspan="2">板</td><td colspan="5">C20 钢筋混凝土平板，C30 预应力钢筋混凝土空心板</td></tr>
<tr><td rowspan="2">地面</td><td>垫层</td><td colspan="5">混凝土垫层</td></tr>
<tr><td>面层</td><td colspan="5">水泥砂浆面层</td></tr>
<tr><td colspan="2">楼面</td><td colspan="5">水泥砂浆面层</td></tr>
<tr><td colspan="2">层面</td><td colspan="5">块体刚性屋面，沥青铺加气混凝土块保温层，防水砂浆面层</td></tr>
<tr><td colspan="2">门窗</td><td colspan="5">木胶合板门（带纱），塑钢窗</td></tr>
</table>

续表

土建部分	装饰	天棚	混合砂浆、106涂料
		内粉	混合砂浆、水泥砂浆、106涂料
		外粉	水刷石
安装	水卫（消防）		给水镀锌钢管，排水塑料管，坐式大便器
	电气照明		照明配电箱，PVC塑料管暗敷，穿铜芯绝缘导线，避雷网敷设

二、每平方米综合造价指标（表二） 单位：元/m^2

项目	综合指标	直接工程费				取费（综合费）
		合价	其中			
			人工费	材料费	机械费	三类工程
工程造价	530.39	407.99	74.69	308.13	25.17	122.40
土建	503.00	386.92	70.95	291.80	24.17	116.08
水卫（消防）	19.22	14.73	2.38	11.94	0.41	4.49
电气照明	8.67	6.35	1.36	4.39	0.60	2.32

三、土建工程各分部占的比例及每平方米直接费（表三）

分部工程名称	占（%）	元/m^2	分部工程名称	占（%）	元/m^2
±0.00以下工程	13.01	50.40	楼地面工程	2.62	10.13
脚手架及垂直运输	4.02	15.56	屋面及防水工程	1.43	5.52
砌筑工程	16.90	65.37	防腐、保温、隔热工程	0.65	2.52
混凝土及钢筋混凝土工程	31.78	122.95	装饰工程	9.56	36.98
构件运输及安装工程	1.91	7.40	金属结构制作工程		
门窗及木结构工程	18.12	70.09	零星项目		

四、人工、材料消耗指标（表四）

项目	单位	每100 m^2消耗量	材料名称	单位	每100 m^2消耗量
一、定额用工	工日	382.06	二、材料消耗（土建工程）		
土建工程	工日	363.83	钢材	吨	2.11
			水泥	吨	16.76
			木材	m^3	1.80
水卫（消防）	工日	11.60	标准砖	千块	21.82
电气照明	工日	6.63	中粗砂	m^3	34.39
			碎（砾）石	m^3	26.20

（1）主要生产设施。指直接参加生产产品的工程项目，包括生产车间或生产装置。

（2）辅助生产设施。指为主要生产车间服务的工程项目。包括集中控制室、中央实验室、机修、电修、仪器仪表修理及木工（模）等车间，原材料、半成品、成品及危险品等仓库。

（3）公用工程。包括给排水系统（给排水泵房、水塔、水池及全厂给排水管网）、供热系统（锅炉房及水处理设施、全厂热力管网）、供电及通信系统（变配电所、开关所及全厂输电、电信线路）以及热电站、热力站、煤气站、空压站、冷冻站、冷却塔和全厂管网等。

（4）环境保护工程。包括废气、废渣、废水等处理和综合利用设施及全厂性绿化。

（5）总图运输工程。包括厂区防洪、围墙大门、传达及收发室、汽车库、消防车库、厂区道路、桥涵、厂区码头及厂区大型土石方工程。

（6）厂区服务设施。包括厂部办公室、厂区食堂、医务室、浴室、哺乳室、自行车棚等。

（7）生活福利设施。包括职工医院、住宅、生活区食堂、俱乐部、托儿所、幼儿园、子弟学校、商业服务点以及与之配套的设施。

（8）厂外工程。如水源工程，厂外输电、输水、排水、通信、输油等管线以及公路、铁路专用线等。

单项工程指标一般以单项工程生产能力单位投资，如"元/t"或其他单位表示。如：变配电站："元/（kV·A）"；锅炉房："元/蒸汽吨"；供水站："元/m^3"；办公室、仓库、宿舍、住宅等房屋则区别不同结构形式以"元/㎡"表示。

3. 单位工程指标

单位工程指标按规定应列入能独立设计、施工的工程项目的费用，即建筑安装工程费用。单位工程指标一般以如下方式表示：房屋区别不同结构形式以"元/㎡"表示；道路区别不同结构层、面层以"元/㎡"表示；水塔区别不同结构层、容积以"元/座"表示；管道区别不同材质、管径以"元/m"表示。

习题与思考题

1. 试比较各种定额之间的关系。

2. 劳动定额的含义及计算公式。

3. 预算定额与施工定额的关系。

4. 概算定额与概算指标的含义。

5. 投资估算指标的内容。

6. 已知浇筑混凝土的基本工作时间为 300 min，准备与结束时间 17.5 min，休息时间 11.2 min，不可避免的中断时间 8.8 min，损失时间 85 min，共浇筑混凝土 2.5 m^3。求浇筑混凝土的时间定额和产量定额。

7. 工程现场采用出料 500 L 的混凝土搅拌机，每一次循环中，装料、搅拌、卸料、中断需要的时间分别为 1 min、3 min、1 min、1 min，机械正常利用系数 0.9，则该机械产量定额为多少？

8. 某砖混结构典型工程，其建筑体积为 600 m^3，毛石条形基础工程量为 72 m^3。根据概算定额，10 立方米毛石条形基础需砌石工 7.0 工日，该单位工程无其他砌石工，则 1 000 m^3 类似建筑工程需砌石工多少工日？

9. 预算定额的应用练习。

按《云南省房屋建筑与装饰工程消耗量定额》计算下列各分项工程的直接工程费费。

已知条件：人工单价 63.88 元/工日；水泥 380 元/t；细砂 82 元/m^3；其余按 2013 版《云南省房屋建筑与装饰工程消耗量定额》定额单价。

（1）人工挖土方 150 m^3（四类土，深 1.8 m）。

（2）拖拉机运土方 150 m^3（运距 2 000 m）。

（3）M10 混合砂浆砌弧形一砖厚混水砖墙 200 m^3。

（4）现浇 C35 混凝土平板 20 m^3（100 mm 厚）。

（5）现浇 C10 混凝土地面垫层 50 m^3。

（6）1∶2 水泥砂浆抹楼梯面层 300 m^2（20 mm 厚）。

10. 案例分析题

某一砖厚混水砖墙的砌体工程该分项工程的相关资料如下：

（1）关于人工：砌 1 m^3 一砖混水砖墙所需工日数为 1.608 工日；综合工日单价为：63.88 元/工日。

（2）关于材料：

① 砌 1 m^3 一砖混水砖墙需 M2.5 混合砂浆为 0.239 6 m^3；M2.5 混合砂浆单价为：340.12 元/m^3。

② 标准砖规格为 240 mm×115 mm×53 mm；灰缝 10 mm；损耗率 2%。

③ 标准砖单价按表 3.15 计算。

表 3.15 标准砖单价相关基础数据表

供应厂家	供应量/千块	出厂价/（元/千块）	运距/km	运价/[元/（t·km）]	容重/（kg/块）	装卸费/（元/t）	采保率/%	运输损耗率/%
甲砖厂	150	360	12	5.84	2.60	22.20	2	1
乙砖厂	350	355	15	5.75				
丙砖厂	500	376	5	5.05				

④ 砌筑 1 m^3 一砖混水砖墙需水 0.106 m^3，水单价 5.6 元/m^3。

（3）关于机械：砌筑 1 m^3 一砖混水砖墙需砂浆搅拌机（200 L）：0.039 9 台班；单价：86.90 元/台班。

（4）问题：

① 计算砌 1 m^3 一砖混水砖墙所需标准砖的消耗量。（精确至“块”）

② 计算标准砖每千块的综合单价。（单位：元/千块，精确至小数点后两位）

③ 编制一砖厚混水砖墙的定额项目表。（单位估价表）（定额单位：10 m^3）

④ 若砌筑 200 m^3 一砖混水墙，求该分项工程的直接工程费。

第 4 章　投资估算

【学习目标】

1. 了解投资估算的概念和作用。
2. 熟悉投资估算的划分。
3. 掌握工程投资估算的编制。

4.1 概　述

投资估算是在编制项目建议书和可行性研究阶段，对建设项目总投资的粗略估算。作为建设项目投资决策时一项重要的参考性经济指标，投资估算是判断项目可行性的重要依据之一；作为工程造价的目标限额，投资估算是控制初步设计概算和整个工程造价的目标限额；投资估算也可作为编制投资计划、资金筹措和申请贷款的依据。

4.1.1 投资估算的概念

投资估算是指建设项目在前期整个投资决策过程中，依据已有的资料，运用一定的方法和手段，对拟建项目全部投资费用进行的预测和估算。与投资决策过程中的各个工作阶段相对应，投资估算也按相应阶段进行编制。

4.1.2 投资估算的作用

投资估算是项目建议书和可行性研究报告的重要组成部分，是项目决策的重要依据之一。其准确性直接影响到项目的决策、建设工程规模、投资效果等诸多方面。因此，全面准确地估算建设项目的工程造价，是可行性研究乃至整个决策阶段造价管理的重要任务。投资估算作用如下：

（1）项目建议书阶段的投资估算，是项目主管部门审批项目建议书的依据之一，并对项目的规划、规模起参考作用。

（2）项目可行性研究阶段的投资估算是项目投资决策的重要依据，也是研究、分析和计算项目投资经济效果的重要条件。当可行性研究报告被批准之后，其投资估算额就作为设计任务书中下达的投资限额，即作为建设项目投资的最高限额，不得随意突破。

（3）项目投资估算对工程设计概算起控制作用，设计概算不得突破经有关部门批准的投资估算，并应控制在投资估算额以内。

（4）项目投资估算可作为项目资金筹措及制定建设贷款计划的依据，建设单位可根据批准的项目投资估算额，进行资金筹措和向银行申请贷款。

（5）项目投资估算是核算建设项目固定资产投资需要额和编制固定资产投资计划的重要依据。

（6）项目投资估算是进行工程设计招标、优选设计方案的依据之一。也是实行工程限额设计的依据。

4.1.3 投资估算的划分

投资估算贯穿于整个建设项目投资决策过程中，由于投资决策过程可划分为项目规划阶段、项目建议书阶段、初步可行性阶段和详细可行性阶段，因此投资估算工作也可划分为相应的四个阶段。不同阶段所具备的条件和掌握的资料不同，对投资估算的要求也各不相同，因此投资估算的准确程度在不同阶段也不尽相同，每个阶段投资估算所起的作用也不一样。

（1）项目规划阶段投资估算，按照建设项目规划的要求和内容，粗略估算建设项目所需要的投资额，投资估算误差幅度 > ±30%。

（2）项目建议书阶段投资估算，判断一个项目是否需要进行下一步阶段的工作，投资估算误差幅度±30%以内。

（3）初步可行性阶段投资估算，确定是否进行详细可行性研究，投资估算误差幅度±20%以内。

（4）详细可行性阶段投资估算，作为对可行性研究结果进行最后评价的依据，该阶段经批准的投资估算作为该项目的投资限额，投资估算误差幅度±20%以内。

4.2 投资估算编制

根据国家规定，从满足建设项目投资设计和投资规模的角度，建设项目投资估算包括固定资产投资估算和流动资金估算两部分。

固定资产投资估算的内容按照费用的性质划分，包括建筑安装工程费、设备及工器具购置费、工程建设其他费用、基本预备费、涨价预备费、建设期贷款利息、固定资产投资方向调节税等。固定资产投资可分为静态部分和动态部分。涨价预备费、建设期贷款利息和固定资产投资方向调节税构成动态投资部分，其余部分为静态投资部分。

流动资金是指生产经营性项目投产后，用于购买原材料、燃料、支付工资及其他经营费用等所需的周转资金。

一份完整的投资估算，应包括投资估算编制说明和投资估算总表，其中投资估算编制说明应包括：

（1）工程概况。

（2）编制原则。

（3）编制依据。

（4）编制方法。

（5）投资分析。应列出按投资构成划分、按设计专业划分或按生产用途划分的三项投资百分比分析表。

（6）主要技术经济指标。如单位产品投资指标等，与已建成或正在建设的类似项目投资做比较分析，并论述其产生差异的原因。

（7）存在问题及改进意见。

投资估算总表是投资估算的核心内容，它主要包括建设项目总投资的构成。对于全厂性工业项目或整体性民用工程项目，如住宅小区、机关、学校、医院等，应包括厂（院）区红线以内的主要生产项目、附属项目、室外工程的竖向布置土石方、道路、围墙大门、室外综合管网、构筑物和厂区（庭院）的建筑小区、绿化等工程，还应包括厂区外专用的供水、供电、公路、铁路等工程费用以及为工程建设所发生的其他费用，即从筹建到竣工验收交付使用的全部费用。

4.2.1 固定资产投资估算

1. 静态投资的估算

静态投资是建设项目投资估算的基础，所以必须全面、准确地进行分析计算，既要避免少算漏算，又要防止高估冒算，力求切合实际。又因民用建设项目与工业生产项目的出发点及具体方法不同而有显著的区别，一般情况下，工业生产项目的投资估算从设备费用入手，而民用建设项目则往往从建筑工程投资估算入手。

1）生产能力指数法

根据已建成的、性质类似的建设项目（或生产装置）投资额和生产能力，以及拟建项目（或生产装置）的生产能力，估算同类而不同生产规模的项目投资或其设备投资。计算公式为：

$$C_2 = C_1\left(\frac{Q_2}{Q_1}\right)^n f \tag{4.1}$$

式中 C_1——已建类似项目或装置的投资额；

C_2——拟建项目或装置的投资额；

Q_1——已建类似项目或装置的生产能力；

Q_2——拟建项目或装置的生产能力；

n——不同时期、不同地点的定额、单价、费用变更等的综合调整系数；

f——生产规模指数，$0 \leqslant f \leqslant 1$。

若已建类似项目或装置的规模和拟建项目或装置的规模相差不大，生产规模比值为0.5～2，则指数 n 的取值近似为1。

若已建类似项目或装置与拟建项目或装置的规模相差不大于50倍，且拟建项目的扩大仅靠增大设备规格来达到时，则 n 取值为 0.6 ~ 0.7；若是靠增加相同规格设备的数量达到时，则 n 的取值为 0.8 ~ 0.9。

采用这种方法，计算简单，速度快；但要求类似工程的资料可靠，条件基本相同，否则误差就会增大。

【例 4.1】已知建设年产 300 kt 乙烯装置的投资额为 60 000 万元，试估算建设年产 700 kt 乙烯装置的投资额（生产规模指数为 $n=0.6$，$f=1.2$）。

【解】$C_2=C_1(Q_2/Q_1)^n \times f$

$=60\ 000\times(70/30)^{0.6}\times 1.2$

$=119\ 706.73$（万元）

【例 4.2】已知建设日产 10t 氢氰酸装置的投资额为 18 000 万元，试估算建设日产 30 t 氢氰酸装置的投资额（生产规模指数为 $n=0.25$，$f=1$）。

【解】$C_2=C_1(Q_2/Q_1)^n \times f$

$=18\ 000\times(30/10)^{0.25}\times 1.0$

$=31\ 869.52$（万元）

2）比例估算法

分项比例估算法。该法是将项目的固定资产投资分为设备投资、建筑物与构筑物投资、其他投资三部分，先估算出设备的投资额，然后再按一定比例估算出建筑物与构筑物的投资及其他投资，最后将三部分投资加在一起计算。

3）朗格系数法

这种方法是以设备费为基础，乘以适当系数来推算项目的建设费用，这种方法比较简单，但没有考虑设备规格、材质的差异，所以精确度不高。

4）设备与厂房系数法

对于一个生产项目，如果设计方案已确定了生产工艺，而且初步选定了工艺设备并进行了工艺布置，就有了工艺设备的重量及厂房的高度和面积，则工艺设备投资和厂房土建的投资就可以分别估算出来。项目的其他费用，与设备关系较大的按设备投资系数估算，与厂房土建关系较大的以厂房土建投资系数估算，两类投资相加就得出整个项目的投资。

5）主要车间系数法

对于生产项目，在设计中若主要考虑了主要生产车间的产品方案和生产规模，可先采用合适的方法计算出主要生产车间的投资，然后利用已建成相似项目的投资比例计算出辅助设施等占主要生产车间投资的系数，估算出总的投资。

6）指标估算法

对于房屋、建筑物可根据有关部门编制的各种具体的投资估算指标，进行单位工程投资的估算。投资估算指标的表示形式较多，可用元/m、元/m^2、元/m^3、元/t、元/（kV·A）等单位来表示。利用这些投资估算指标，乘以所需的长度、面积、体积、重量、容量等，就可以求出相应的土建工程、给排水土程、照明工程、采暖工程、变配电工程等各种单位工程的投资额。在此基础上，可汇总成某一单项工程的投资额，再估算工程建设其他费用等，即求得投资总额。

在实际工作中，要根据国家有关规定、投资主管部门或地区主管部门颁布的估算指标，结合工程的具体情况编制。若套用的指标与具体工程之间的标准或条件有差异时，应加以必要的换算或调整；使用的指标单位应密切结合每个单位工程的特点，能正确反映其设计参数。

指标估算法简便易行，但由于项目相关数据的确定性较差，投资估算的精度较低。

7）单位产品投资造价指标法

采用单位产品投资造价指标计算建设项目投资时，要求其产品在品种规格、工艺流程和建设规模上基本一致，才能使计算出的投资额接近准确。一般准确程度为 80%～85%，其计算公式为：

$$y = K_C \times A \times F_1 \times F_2 \tag{4.2}$$

其中

$$F_1 = (1+f_1)^m$$

$$F_2 = (1+f_2)^{\frac{n}{2}}$$

式（4.2）中　y——工程项目投资额；

A——项目生产能力（或设计规模）（吨/年）；

K_C——同类型企业单位产品投资造价指标；其余符号同前。

【例 4.3】已知某冶炼厂年产 25 000 吨，1996 年建成，单位产品投资造价指标为 3 800 美元/（年·吨）；计划 1998 年开始拟建同类型冶炼厂，年产 22 500 吨，工程建设工期三年，于 2001 年建成。根据已公布的 1996～1998 年基建设备和材料价格年平均增长指数为 5%，预测建设期三年的设备和材料价格年平均增长指数为 4%，运用单位产品投资造价指标法估算拟建项目的总投资额。

【解】已知：K_C=3 800 美元/（年·吨），A=22 500 吨/年，f_1=5%，m=2 年，f_2=4%，n=3 年。

代入公式（4.2）计算得：

$$y = 3\,800 \times 22\,500 \times (1+5\%)^2 \times (1+4\%)^{\frac{3}{2}} = 99\,975\,762\ (\text{美元}) = 9\,997.58\ (\text{万美元})$$

总之，静态投资的估算并没有固定的公式，在实际工作中，只要有了项目组成部分费用数据，就可考虑用各中适合的方法来估算。需要指出的是，这里所说的虽然是静态投资，但它也是有一定时间性的，应该统一按某一确定的时间来计算，特别是对编制时间距开工时间较远的项目，一定要以开工前一年为基准年，以这一年的价格为依据计算，按照近年的价格指数将编制年的静态投资进行适当地调整，否则就会失去基准作用，影响投资估算的准确性。

2. 动态投资部分的估算

动态投资估算主要包括由价格变动可能增加的投资额，即涨价预备费、建设期贷款利息和投资方向调节税。对于涉外项目还应考虑汇率的变化对投资的影响。

动态投资的估算应以基准年静态投资的资金使用计划为基础来计算以上各种变动因素，而不是以编制年的静态投资为基础计算。

1）涨价预备费的估算

涨价预备费是指从估算年到项目建成期间内，预留的因物价上涨而引起的投资费用增加额。

涨价预备费的估算方法，一般根据国家规定的投资综合价格指数，按估算年份价格水平的投资额为基数，采用复利方法计算。

2）建设期贷款利息估算

建设期贷款利息，是指建设项目使用投资贷款在建设期内归还的贷款利息。贷款利息应以建设期工程造价扣除资本金后的分年度资金供应计划为基数，计算逐年应付利息。其中贷款利率应按建设项目不同，资金来源相关利率，以及投资各方同股同权的原则计算。具体来说，项目建设期利息，可按照项目可行性研究报告中的项目建设资金筹措方案确定的初步贷款意向规定的利率、偿还方式和偿还期计算。对于没有明确意向的贷款方案，可按项目适用的现行一般（非优惠）的贷款利率、期限和偿还方式计算。

建设期贷款利息包括向国内银行和其他非银行金融机构贷款、出口信贷、外国政府贷款、国际商业银行贷款以及在境内外发行的债券等在建设期内应偿还的借款利息。

3）固定资产投资方向调节税

按照1991年4月16日由第82号国务院令发布的《中华人民共和国固定资产投资方向调节税暂行条例》(以下简称《暂行条例》)，国家计委、国家税务局计投资〔1991〕1045号文《关于实施〈中华人民共和国固定资产投资方向调节税暂行条例〉的若干补充规定》及国家税务局国税发〔1991〕113号文颁发的《中华人民共和国固定资产投资方向调节税暂行条例实施细则》的规定，我国开征固定资产投资方向调节税。固定资产投资方向调节税在调控国民经济、遏制投资膨胀等方面发挥了一定作用。亚洲金融危机发生后，为了鼓励社会投资、拉动经济增长，减轻金融危机的不利影响，国务院自2000年1月1日起暂停征收投资税，但该税种并未取消。直至2012年11月9日，国务院令第628号，公布《国务院关于修改和废止部分行政法规的决定》(以下简称《决定》)，自2013年1月1日起施行。《决定》修改和废止了部分行政法规，其中包括1991年发布的《暂行条例》。

3. 固定资产投资估算编制

固定资产投资估算可按表4.1进行编制。

表4.1 某项目固定资产投资估算表

序号	工程费用名称	估算价值/万元				
		建筑工程费	设备购置费	安装工程费	其他费用	合计
1	工程费用					
1.1	主要生产项目					
1.2	辅助生产项目					
1.3	外部设施					
	……					
2	工程项目其他费用					
3	预备费					
3.1	基本预备费					
3.2	涨价预备费					
4	建设期贷款利息					
	固定资产投资					

4. 固定资产投资估算编制案例

【例 4.4】拟建某工业建设项目，各项费用估计如下：

（1）主要生产项目 4 410 万元（其中：建筑工程费 2 550 万元，设备购置费 1 750 万元，安装工程费 110 万元）。

（2）辅助生产项目 3 600 万元（其中：建筑工程费 1 800 万元，设备购置费 1 500 万元，安装工程费 300 万元）。

（3）公用工程 2 000 万元（其中：建筑工程费 1 200 万元，设备购置费 600 万元，安装工程费 200 万元）。

（4）环境保护工程 600 万元（其中：建筑工程费 300 万元，设备购置费 200 万元，安装工程费 100 万元）。

（5）总图运输工程 300 万元（其中：建筑工程费 200 万元，设备购置费 100 万元）。

（6）服务性工程 150 万元。

（7）生活福利工程 200 万元。

（8）厂外工程 100 万元。

（9）工程建设其他费 380 万元。

（10）基本预备费为工程费用与其他工程费用合计的 10%。

（11）预计建设期内每年价格平均上涨率为 6%。

（12）项目前期年限 1 年，建设期为 2 年，每年建设投资相等，第 1 年贷款 5 500 万元，第 2 年贷款 5 000 万元，贷款年利率为 8%（每半年计息一次），其余投资为自有资金。

问题：

1. 试将以上数据填入如表 4.2 所示的固定资产投资估算表中。
2. 计算基本预备费、价差预备费。
3. 计算实际年贷款利率和建设期贷款利息。
4. 计算完成该建设项目固定资产投资估算表。

注：除贷款利率取两位小数外，其余均取整数计算。

表 4.2 某项目固定资产投资估算表 单位：万元

序号	工程费用名称	建筑工程费	设备购置费	安装工程费	其他费用	合计
1	工程费用					
1.1	主要生产项目					
1.2	辅助生产项目					
1.3	公用工程					
1.4	环保工程					
1.5	总图运输					
1.6	服务性工程					
1.7	生活福利工程					
1.8	场外工程					
2	其他费用					
	第 1、2 部分合计					

续表

序号	工程费用名称	建筑工程费	设备购置费	安装工程费	其他费用	合计
3	预备费					
3.1	基本预备费					
3.2	价差预备费					
	第 1～3 部分合计					
4	建设期贷款利息					
	固定资产投资					

【解】问题 1：

计算结果见表 4.3。

表 4.3　某项目固定资产投资估算表　　单位：万元

序号	工程费用名称	建筑工程费	设备购置费	安装工程费	其他费用	合计
1	工程费用	6 500	4 150	710		11 360
1.1	主要生产项目	2 550	1 750	110		4 410
1.2	辅助生产项目	1 800	1 500	300		3 600
1.3	公用工程	1 200	600	200		2 000
1.4	环保工程	300	200	100		600
1.5	总图运输	200	100			300
1.6	服务性工程	150				150
1.7	生活福利工程	200				200
1.8	场外工程	100				100
2	其他费用				380	380
	第 1、2 部分合计	6 500	4 150	710	380	11 740
3	预备费				2 776	2 776
3.1	基本预备费				1 174	1 174
3.2	价差预备费				1 602	1 602
	第 1～3 部分合计	6 500	4 150	710	3 156	14 516
4	建设期贷款利息				895	895
	固定资产投资					15 411

问题 2：

（1）基本预备费=11 740×10% =1 174（万元）

（2）价差预备费=（11 740+1 174）×50%×[（1+6%）（1+6%）$^{0.5}$−1]+（11 740+1 174）×50%×[（1+6%）（1+6%）$^{0.5}$（1+6%）−1]

=1 602（万元）

问题 3：

（1）年实际贷款利率=（1+8%/2）^{2}−1= 8.16%

（2）贷款利息计算：

第 1 年贷款利息=1/2×5 500×8.16% =224（万元）

第 2 年贷款利息=[（5 500+224+1/2×5 000]×8.16% =671（万元）

贷款利息合计=224 +671 =895（万元）

问题 4：

建设项目固定资产投资=建设投资+建设期贷款利息

=14 516+895 =15 411（万元）

4.2.2 流动资金估算

1. 铺底流动资金估算

铺底流动资金是保证项目投产后，能正常生产经营所需要的最基本的周转资金数额。铺底流动资金是项目总投资中流动资金的一部分，在项目决策阶段，这部分资金就要求落实。铺底流动资金的计算公式为：

铺底流动资金 = 流动资金×30%　　（4.3）

该部分的流动资金是指项目建成后，为保证项目正常生产或服务运营所必需的周转资金。它的估算对于项目规模不大且同类资料齐全的可采用分项估算法，其中包括劳动工资、原材料、燃料动力等部分；对于大项目及设计深度浅的项目可采用指标估算法。一般有以下几种方法

1）按产值（或销售收入）资金率估算

一般加工工业项目大多采用产值（或销售收入）资金率进行估算。

流动资金额 = 年产值(年销售收入额)×产值(销售收入)资金率　　（4.4）

【例 4.5】已知某项目的年产值为 2 500 万元，其类似企业百元产值的流动资金占用率为 20%，则该项目的流动资金应为多少？

【解】2 500×20% = 500（万元）

2）按经营成本（或总成本）资金率估算

由于经营成本（或总成本）是一项综合性指标，能反映项目的物资消耗、生产技术和经营管理水平以及自然资源条件的差异等实际状况，一些采掘工业项目常采用经营成本（或总成本）资金率估算流动资金。

流动资金额 = 年经营成本(年总成本)×经营成本(总成本)资金率　　（4.5）

【例 4.6】某企业年经营成本为 8 000 万元，经营成本资金率取 35%，则该企业的流动资金额为多少？

【解】8 000×35% = 2 800（万元）

3）按固定资产价值资金率估算

有些项目如火电厂可按固定资产价值资金率估算流动资金。

$$流动资金额=固定资产价值总额\times固定资产价值资金率 \tag{4.6}$$

固定资产价值资金率是流动资金占固定资产价值总额的百分比。如化工项目流动资金一般占固定资产投资的15%~20%，一般工业项目流动资金占固定资产投资的5%~12%。

4）按单位产量资金率估算

有些项目如煤矿，按吨煤资金率估算流动资金。

$$流动资金额=年生产能力\times单位产量资金率 \tag{4.7}$$

2. 分项详细估算法

分项详细估算法是根据项目的流动资产和流动负债，估算项目所占用流动资金的方法。其中，流动资产的构成要素一般包括存货、库存现金、应收账款和预付账款；流动负债的构成要素一般包括应付账款和预收账款。流动资金等于流动资产和流动负债的差额，计算公式为：

$$流动资金=流动资产-流动负债 \tag{4.8}$$

$$流动资产=应收账款+预付账款+存货+现金 \tag{4.9}$$

$$流动负债=应付账款+预收账款 \tag{4.10}$$

进行流动资金估算时，首先计算各类流动资产和流动负债的年周转次数，估算占用资金额。

（1）周转次数。周转次数是指流动资金的各个构成项目在一年内完成多少个生产过程，可用1年天数（通常按360天计算）除以流动资金的最低周转天数计算，则

$$周转次数=\frac{360}{流动资金最低周转天数} \tag{4.11}$$

（2）应收账款。应收账款是指企业对外赊销商品、提供劳务尚未收回的资金。其计算公式为：

$$应收账款=\frac{年经营成本}{应收账款周转次数} \tag{4.12}$$

（3）预付账款。预付账款是指企业为购买各类材料、半成品或服务所预先支付的款项。其计算公式为：

$$预付账款=\frac{外购商品或服务年费用金额}{预付账款周转次数} \tag{4.13}$$

（4）存货。存货是指企业为销售或者生产耗用而储备的各种物资，主要有原材料、辅助材料、燃料、低值易耗品、维修备件、包装物、商品、在产品、自制半成品和产成品等。为简化计算，仅考虑外购原材料、燃料、其他材料、在产品和产成品，并分项进行计算。其计算公式为：

$$存货=外购原材料、燃料+其他材料+在产品+产成品 \tag{4.14}$$

$$外购原材料、燃料=\frac{年外购原材料、燃料费用}{分项周转次数} \tag{4.15}$$

$$其他材料=年其他材料费用/其他材料周转次数 \tag{4.16}$$

$$在产品=\frac{年外购原材料、燃料+年工资及福利费+年修理费+年其他制造费用}{在产品周转次数} \quad (4.17)$$

$$产成品=\frac{年经营成本-年其他营业费用}{产成品周转次数} \quad (4.18)$$

（5）现金。项目流动资金中的现金是指货币资金，即企业生产运营活动中停留于货币形态的那部分资金，包括企业库存现金和银行存款。计算公式为：

$$现金=\frac{年工资及福利费+年其他费用}{现金周转次数} \quad (4.19)$$

年其他费用=制造费用+管理费用+营业费用-（以上三项费用中所含的工资及福利费、折旧费、摊销费、修理费） （4.20）

（6）流动负债估算。流动负债是指在一年或者超过一年的一个营业周期内，需要偿还的各种债务，包括短期借款、应付票据、应付账款、预收账款、应付工资、应付福利费、应付股利、应交税金、其他暂收应付款、预提费用和一年内到期的长期借款等。在可行性研究中，流动负债的估算可以只考虑应付账款和预收账款两项。计算公式为

$$应付账款=\frac{年外购原材料、燃料动力费及其他材料年费用}{应付账款周转次数} \quad (4.21)$$

$$预收账款=\frac{预收的营业收入年金额}{预收账款周转次数} \quad (4.22)$$

根据详细估算法估算的各项流动资金估算的结果，可编制流动资金估算表，如表 4.4 所示。

表 4.4　流动资金估算表

序号	项目名称	最低周转天数	年周转次数	金额
1	流动资产			
1.1	应收账款			
1.2	预付账款			
1.3	现金			
1.4	存货			
1.4.1	外购原材料、燃料			
1.4.2	在产品			
1.4.3	产成品			
2	流动负债			
2.1	应付账款			
2.2	预收账款			
3	流动资金（1-2）			

3. 流动资金估算实例

【例 4.7】某建设项目达到设计能力后，全厂定员为 500 人，工资和福利费按照每人每年 2 万元估算。每年其他费用为 160 万元（其中：其他制造费用为 100 万元）。年外购原材料、燃

料、动力费估算为 2 700 万元。年均经营成本为 1 700 万元，年营业费用为 300 万元，年修理费为 240 万元，预付账款 126.1 万元。各项流动资金最低周转天数分别为：应收账款为 30 天，现金为 40 天，各项存货均为 40 天，应付账款为 30 天。试用分项详细估算法估算该项目的流动资金。

【解】1. 流动资产 = 应收账款+预付账款+现金+存货

（1）应收账款=年经营成本÷应收账款周转次数=1 700÷（360÷30）=141.67（万元）

（2）预付账款 = 126.10（万元）

（3）现金=（年工资福利费+年其他费用）÷现金周转次数

=（2×500+160）÷（360÷40）=128.89（万元）

（4）存货=外购原材料、燃料+其他材料+在产品+产成品

① 外购原料、燃料=年外购原料、燃料费÷年周转次数=2 700÷（360÷40）=300（万元）

② 在产品=（年外购原料燃料动力费+年工资及福利费+年修理费+年其他制造费用）÷在产品周转次数

=（2 700+2×500+240+100）÷（360÷40） = 448.89（万元）

③ 产成品=（年经营成本-年营业费用）÷产成品周转次数

=（1 700−300）÷（360÷40） = 155.56（万元）

存货=300+448.89+155.56=904.45（万元）

流动资产=141.67+126.1+128.89+904.45=1 301.11（万元）

2. 流动负债=应付账款+预收账款

应付账款=年外购原料、燃料动力及其他材料年费用÷应付账款周转次数

= 2 700÷（360÷30）=225（万元）

流动负债=225（万元）

3. 流动资金 = 流动资产—流动负债= 1 301.11−225 =1 076.11（万元）

以上计算过程也可用“流动资金估算表”表示，如表 4.5。

表 4.5 某建设项目流动资金估算表

序号	项目名称	最低周转天数	年周转次数	金额
1	流动资产			
1.1	应收账款	30	12	141.67
1.2	预付账款	—	—	—
1.3	现金	40	9	128.89
1.4	存货			
1.4.1	外购原材料、燃料	40	9	300
1.4.2	在产品	40	9	448.89
1.4.3	产成品	40	9	155.56
2	流动负债			225
2.1	应付账款	30	12	225
2.2	预收账款	—	—	—
3	流动资金（1-2）			1 076.11

4. 流动资金估算应注意的问题

（1）在采用分项详细估算法时，需要分别确定现金、应收账款、存货和应付账款的最低周转天数。在确定周转天数时要根据实际情况，并考虑一定的保险系数。对于存货中的外购原材料、燃料要根据不同品种和来源，考虑运输方式和运输距离等因素确定。

（2）不同生产负荷下的流动资金是按照相应负荷时的各项费用金额和给定的公式计算出来的，而不能按 100%负荷下的流动资金乘以负荷百分数求得。

（3）流动资金属于长期性（永久性）资金，流动资金的筹措可通过长期负债和资本金（权益融资）方式解决。流动资金借款部分的利息应计入财务费用。项目计算期末应收回全部流动资金。

习题与思考题

1. 投资估算的概念是什么？投资估算的作用是什么？

2. 投资估算编制说明包括哪些内容？

3. 某建设项目的工程费用与工程建设其他费用的估算额为 52 180 万元，预备费为 5 000 万元，建设期 3 年。各年的投资比例是：第 1 年 20%，第 2 年 55%，第 3 年 25%，第 4 年投产。

该项目固定资产投资来源为自有资金和贷款。贷款本金为 40 000 万元（其中外汇贷款为 2 300 万美元），贷款按年均衡发放。贷款的人民币部分从中国建设银行获得，年利率为 6%（按季计息）；贷款的外汇部分从中国银行获得，年利率为 8%（按年计息）。外汇牌价为 1 美元兑换 6.6 元人民币。

该项目设计定员为 1 100 人，工资和福利费按照每人每年 7.20 万元估算；每年其他费用为 860 万元（其中：其他制造费用为 660 万元）；年外购原材料、燃料、动力费估算为 19 200 万元；年经营成本为 21 000 万元，年营业收入 33 000 万元，年修理费占年经营成本 10%；年预付账款为 800 万元；年预收账款为 1 200 万元。各类流动资产与流动负债最低周转天数分别为：应收账款 30 天，现金 40 天，应付账款为 30 天，存货为 40 天，预付账款为 30 天，预收账款为 30 天。

问题：

（1）估算建设期贷款利息。

（2）用分项详细估算法估算拟建项目的流动资金，编制流动资金估算表。

（3）估算拟建项目的总投资。

第 5 章 设计概算

【学习目标】

1. 了解设计概算的含义、作用。
2. 熟悉设计概算的编制依据及编制内容。
3. 掌握单位工程设计概算的编制方法。

5.1 概 述

5.1.1 设计概算的含义

设计概算是设计文件的重要组成部分，是在设计阶段对建设项目投资额度的概略计算，设计概算投资包括建设项目从立项、可行性研究、设计、施工、试运行到竣工验收等的全部建设资金。设计概算投资一般应控制在立项批准的投资控制额以内；如果设计概算值超过控制额，必须修改设计或重新立项审批。设计概算批准后不得任意修改和调整；如需修改或调整时，须经原批准部门重新审批。

采用两阶段设计的建设项目，初步设计阶段必须编制设计概算；采用三阶段设计的建设项目，扩大初步设计（或称技术设计）阶段必须编制修正概算。

5.1.2 设计概算的主要作用

1. 设计概算是编制固定资产投资计划、确定和控制建设项目投资的依据

按照国家有关规定，编制年度固定资产投资计划，确定计划投资总额及其构成数额，要以批准的初步设计概算为依据，没有批准的初步设计及其概算的建设工程不能列入年度固定资产投资计划。

2. 设计概算是签订建设工程合同和贷款合同的依据

《中华人民共和国合同法》明确规定，建设工程合同是承包人进行工程建设，发包人支付价款的合同。合同价款的多少是以设计概算为依据的，而且总承包合同不得超过设计总概算的投资限额。设计概算是银行拨款或签订贷款合同的最高限额，建设项目的全部拨款或贷款以及各单项工程的拨款或贷款的累计总额，不能超过设计概算。如果项目的投资计划所列投

资额或拨款或贷款突破设计概算时，必须查明原因后由建设单位报请上级主管部门调整或追加设计概算总投资额，凡未经批准前，银行对其超支部分拒不拨付。

3. 设计概算是控制施工图设计和施工图预算的依据

经批准的设计概算是建设项目投资的最高限额，设计单位必须按照批准的初步设计及其概算进行施工图设计，施工图预算不得突破设计概算。如确需突破总概算时，应按规定程序报批。

4. 设计概算是衡量设计方案技术经济合理性和选择最佳设计方案的依据

设计概算是设计方案技术经济合理性的综合反映，据此可以用来对不同的设计方案进行技术与经济合理性的比较，以便选择最佳设计方案。

5. 设计概算是工程造价管理及编制招标标底和投标报价的依据

以设计概算进行招投标的工程，招标单位编制招标控制价是以设计概算造价为依据的，并以此作为评标定标的依据。承包单位也必须以设计概算为依据，编制出合适的投标报价。

6. 设计概算是考核建设项目投资效果的依据

通过设计概算与竣工决算的对比，可以分析和考核投资效果的好坏，同时还可以验证设计概算的准确性，有利于加强设计概算管理和建设项目的造价管理工作。

5.2 设计概算的编制

5.2.1 设计概算的编制原则

（1）严格执行国家的建设方针和经济政策的原则。
（2）完整、准确地反映设计内容的原则。
（3）坚持结合拟建工程的实际，反映工程所在地当时价格水平的原则。

5.2.2 设计概算的编制依据

编制设计概算的依据主要有以下方面：
（1）批准的可行性研究报告。
（2）设计工程量。
（3）项目涉及的概算指标或定额。
（4）国家、行业和地方政府有关法律、法规或规定。
（5）资金筹措方式。
（6）正常的施工组织设计。

（7）项目涉及的设备材料供应及价格。
（8）项目的管理（含监理）、施工条件。
（9）项目所在地区有关的气候、水文、地质地貌等自然条件。
（10）项目所在地区有关的经济、人文等社会条件。
（11）项目的技术复杂程度，以及新技术、专利使用情况等。
（12）有关文件、合同、协议等。

5.2.3　设计概算的编制内容

设计概算可分为三级概算，即单位工程概算、单项工程综合概算和建设项目总概算。三级概算之间的相互关系和费用构成，如图 5.1 所示。

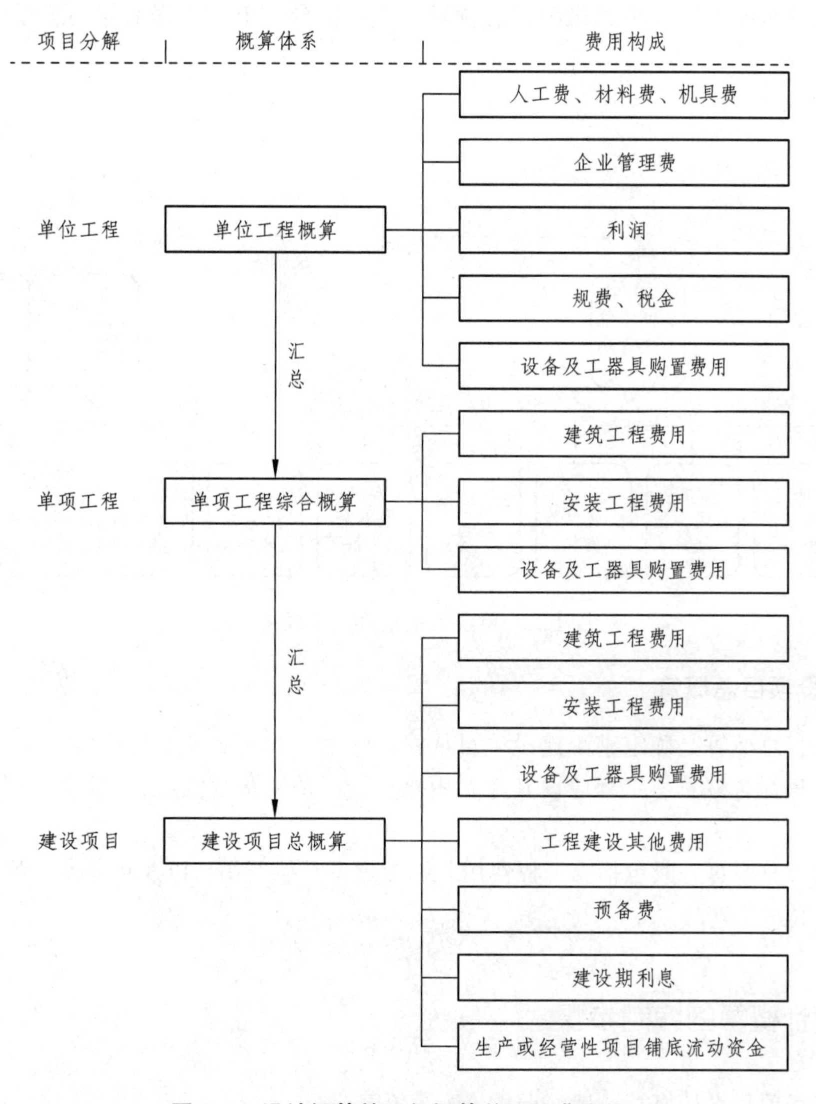

图 5.1　设计概算的三级概算关系及费用图

1. 单位工程概算

单位工程概算是以初步设计文件为依据，按照规定的程序、方法和依据，计算各单位工程费用的成果文件，是编制单项工程综合概算（或项目总概算）的依据，是单项工程综合概算的组成部分。

单位工程概算分为建筑工程概算和设备及安装工程概算两大类。建筑工程概算包括土建工程概算，给排水、采暖工程概算，通风、空调工程概算，电气照明工程概算，弱电工程概算，特殊构筑物工程概算等；设备及安装工程概算包括机械设备及安装工程概算，电气设备及安装工程概算，热力设备及安装工程概算，工器具及生产家具购置费概算等。

2. 单项工程综合概算

单项工程综合概算是确定一个单项工程所需建设费用的文件。它根据单项内各专业单位工程概算汇总编制而成，是建设项目总预算的组成部分。单项工程概算的组成内容如图 5.2 所示。

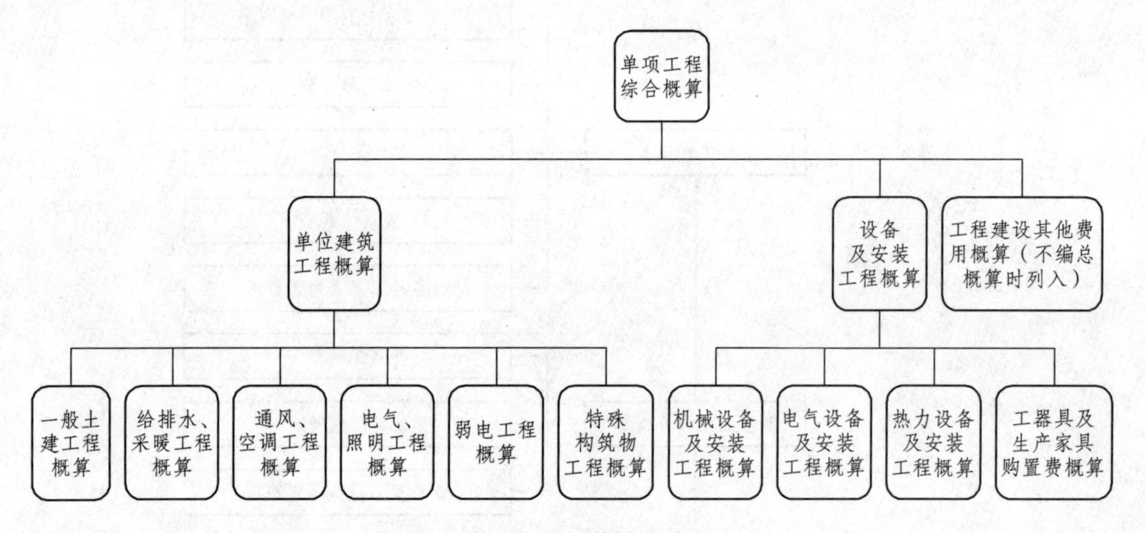

图 5.2　单项工程概算的组成内容图

3. 建设项目总概算

建设项目总概算是确定整个建设项目从筹建到竣工验收所需全部费用的文件。它是根据各个单项工程综合概算、工程建设其他费用概算，以及预备费概算、建设期利息概算汇总编制而成的。

建设项目总概算一般包括：工程费用、工程建设其他费用，以及预备费、建设期利息等。如图 5.3 所示。

5.2.4　设计概算的编制步骤

建设工程项目设计概算一般按照图 5.4 的顺序编制。

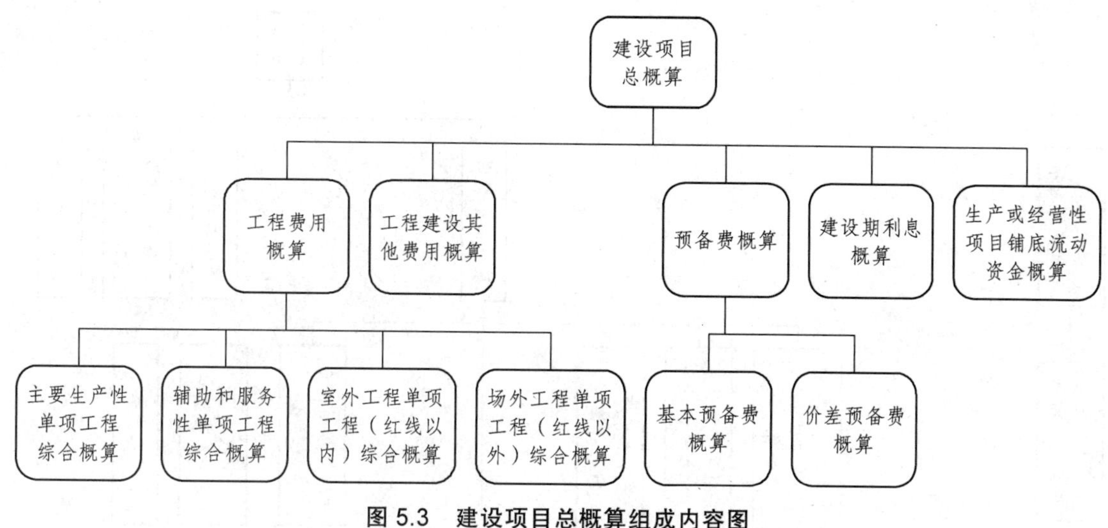

图 5.3 建设项目总概算组成内容图

5.2.5 设计概算的编制方法

1. 单位工程设计概算的编制

单位工程概算应根据单项工程中所属的每个单体按专业分别编制，包括单位建筑工程概算和单位设备及安装工程概算两类。其中，建筑工程概算的编制方法有概算定额法、概算指标法、类似工程预算法等；设备及安装工程概算的编制方法有预算单价法、扩大单价法、设备价值百分比法和综合吨位指标法等。

1）概算定额法

概算定额法又称扩大单价法或扩大结构定额法，是套用概算定额编制建筑工程概算的方法。运用概算定额法，要求初步设计必须达到一定深度，建筑结构尺寸比较明确，能按照初步设计的平面图、立面图、剖面图纸计算出楼地面、墙身、门窗和屋面等扩大分项工程（或扩大结构构件）项目的工程量时，方可采用。

概算定额法编制设计概算的步骤如下：

（1）搜集基础资料、熟悉设计图纸和了解有关施工条件和施工方法。

（2）按照概算定额分部分项顺序，列出单位工程中分项工程或扩大分项工程项目名称并计算工程量，并将计算所得各分项工程量按概算定额编号顺序，填入工程概算表内。

（3）套用概算定额单价。

（4）计算单位工程人、材、机费。

（5）根据人、材、机费，结合其他各项取费标准，分别计算企业管理费、利润、规费和税金。

（6）计算单位工程概算造价。

单位工程概算造价= 人、材、机费+ 企业管理费+ 利润+ 规费+ 税金

（7）编写概算编制说明，并装订成册。

单位建筑工程概算按照规定的表格形式进行编制，具体格式如表 5.1。

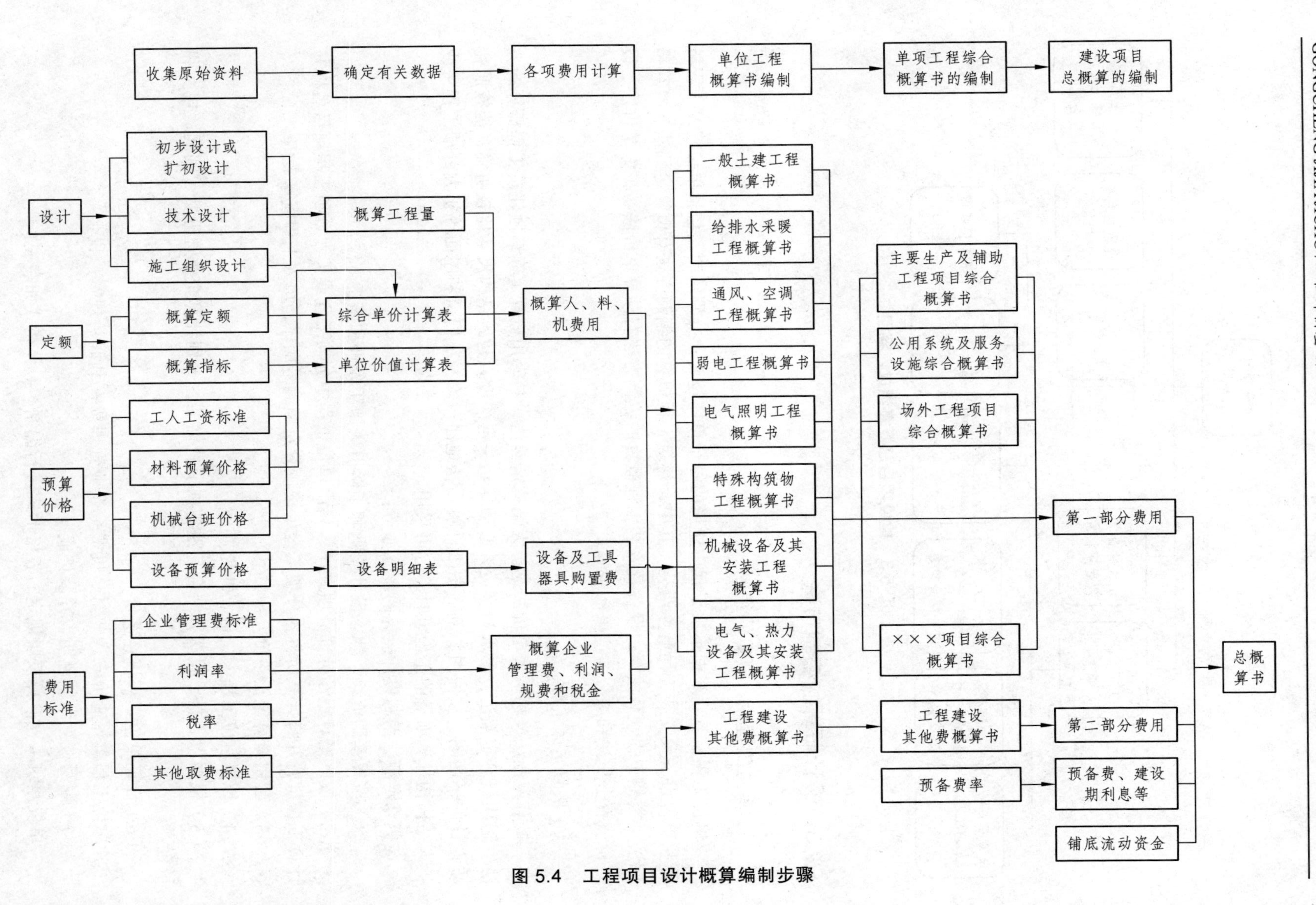

图 5.4　工程项目设计概算编制步骤

表 5.1　建筑工程概算表

单位工程概算编号：　　　　　　　　工程名称（单位工程）：　　　　　　　　共　　页第　　页

序号	定额编号	工程项目或费用名称	单位	数量	单价/元				合价/元			
					定额基价	人工费	材料费	机械费	合计	人工费	材料费	机械费
一		土石方工程										
1	××	××××										
2	××	××××										
…												
二		桩基础工程										
1	××	××××										
2	××	××××										
		……										
三		砌筑工程										
1	××	××××										
2	××	××××										
		……										
		合计										
		各项费用取费										
		单位工程概算费用合计										

【例 5.1】某市拟建一座 7 560 m^2 综合楼，请按给出的扩大单价和工程量表 5.2 编制出该综合楼土建工程设计概算造价和平方米造价。各项费率如下：以定额人工费为基数的企业管理费费率为 50%，利润率为 30%，社会保险费和公积金费率为 25%，按标准缴纳的工程排污费为 50 万元，综合税率为 3.48%。

表 5.2　某教学楼土建工程量和扩大单价

分部工程名称	单位	工程量	扩大单价/元	其中：人工费/元
基础工程	10 m^3	160	3 200	320
砌筑工程	10 m^3	280	4 878	960
混凝土及钢筋混凝土	10 m^3	150	13 280	660
地面工程	100 m^2	25	13 000	1 500
楼面工程	100 m^2	40	19 000	2 000
卷材屋面工程	100 m^2	40	14 000	1 500
门窗工程	100 m^2	35	55 000	10 000
脚手架	100 m^2	180	1 000	200

【解】根据已知条件和表 5.2 数据，求得该综合楼土建工程概算造价如表 5.3 所示。

表 5.3　某教学楼土建工程概算造价计算表

序号	分部工程名称	单位	工程量	扩大单价/元	合价/元	其中：人工费/元
1	基础工程	10 m^3	160	3 200	512 000	51 200
2	砌筑工程	10 m^3	280	4 878	1 365 840	268 800
3	混凝土及钢筋混凝土	10 m^3	150	13 280	1 992 000	99 000
4	地面工程	100 m^2	25	13 000	325 000	37 500
5	楼面工程	100 m^2	40	19 000	760 000	80 000
6	卷材屋面工程	100 m^2	40	14 000	560 000	60 000
7	门窗工程	100 m^2	35	55 000	1 925 000	350 000
8	脚手架	100 m^2	180	1 000	180 000	36 000
（一）	人、材、机费合计	以上 8 项之和			7 619 840	—
（二）	其中：人工费				—	982 500
（三）	企业管理费	（二）×50%			491 250	
（四）	利润	（二）×30%			294 750	
（五）	规费	（二）×25%+500 000			745 625	
（六）	税金	（一）+（三）+（四）+（五）×3.48%			348 471	
（七）	概算造价	（一）+（三）+（四）+（五）+（六）			9 469 936	
（八）	每平方米概算造价	（七）/7 560			1 252.64	

2）概算指标法

概算指标法是用拟建的厂房、住宅的建筑面积（或体积）乘以技术条件相同或基本相同的概算指标得出人、材、机费，然后按规定计算出企业管理费、利润、规费和税金等，得出单位工程概算的方法。概算指标法适用的情况主要是初步设计深度不够，不能准确地计算出工程量，但工程设计采用的技术比较成熟而又有与该工程相似类型的概算指标可以利用时采用。

（1）拟建工程结构特征与概算指标相同时的计算。

如果拟建工程在建设地点、结构特征、地质及自然条件、建筑面积等方面与概算指标相同或相近，就可直接套用概算指标编制概算。根据选用的概算指标内容，可选用两种概算方法：

① 以指标中所规定的工程每平方米、立方米的造价指标，乘以拟建单位工程建筑面积或体积，得出单位工程的人、材、机费，再计算其他费用，即可求出单位工程的概算造价。人、材、机费计算公式如下：

$$\text{人、材、机费}=\frac{\text{概算指标每平方米（或立方米）}}{\text{工程造价}}\times\frac{\text{拟建工程建筑面积}}{\text{（或体积）}} \tag{5.1}$$

② 以概算指标中规定的每 100 m^2 建筑物面积（或 1 000 m^3）所耗人工工日数、主要材料数量为依据，首先计算拟建工程人工、主要材料消耗量，再计算人、材、机费，并取费。计算公式如下：

$$100\ m^2\text{建筑物面积的人工费}=\text{指标规定的工日数}\times\text{本地区人工工日单价} \tag{5.2}$$

$$\frac{100\ m^2\text{建筑物面积}}{\text{的主要材料费}}=\sum\left(\frac{\text{指标规定的}}{\text{主要材料数量}}\times\frac{\text{相应的地区}}{\text{材料预算单价}}\right) \tag{5.3}$$

$$\text{100 m}^2\text{建筑物面积的其他材料费}=\text{主要材料费}\times\text{其他材料费占主要材料费的百分比} \tag{5.4}$$

$$\text{100 m}^2\text{建筑物面积的机械使用费}=(\text{人工费+主要材料费+其他材料费})\times\text{机械费所占百分比} \tag{5.5}$$

$$\text{每平方米建筑面积的人、材、机费}=\frac{\text{人工费+主要材料费+其他材料费+机械使用费}}{100} \tag{5.6}$$

每平方米建筑面积的概算单价=每 m^2 建筑面积的（人、材、机费+企业管理费+利润+规费+税金） （5.7）

单位工程概算造价=每 m^2 建筑面积的概算单价×拟建单位工程的建筑面积 （5.8）

（2）拟建工程结构特征与概算指标有局部差异时的调整。

在实际工作中，经常会遇到拟建对象的结构特征与概算指标中规定的结构特征有局部不同的情况，因此，必须对概算指标进行调整后方可套用。调整方法如下：

① 调整概算指标中的每平方米（立方米）造价。

这种调整方法是将原概算指标中的单位造价进行调整，扣除每平方米（立方米）原概算指标中与拟建工程结构不同部分的造价，增加每平方米（立方米）拟建工程与概算指标结构不同部分的造价，使其成为与拟建工程结构相同的工料单价。计算公式如下：

$$\text{结构变化修正概算指标（元/m}^2\text{）}=J+Q_1P_1-Q_2P_2 \tag{5.9}$$

式中 J——原概算指标；

Q_1——概算指标中换入结构的工程量；

Q_2——概算指标中换出结构的工程量；

P_1——换入结构的工料单价；

P_2——换出结构的工料单价。

则拟建工程造价为：

人、材、机费=修正后的概算指标×拟建工程建筑面积（体积） （5.10）

求出人、材、机费后，再按照规定的取费方法计算其他费用，最终得到单位工程概算价值。

② 调整概算指标中的工、料、机数量。

这种方法是将原概算指标中每 100 m^2（或 1 000 m^3）建筑面积（体积）中的工、料、机数量进行调整，扣除原概算指标中与拟建工程结构不同部分的工、料、机消耗量，增加拟建工程与概算指标结构不同部分的工、料、机消耗量，使其成为与拟建工程结构相同的每 100 m^2（或 1 000 m^3）建筑面积（体积）工、料、机数量。计算公式如下：

结构变化修正概算指标的工、料、机数量
=原概算指标的换入结构相应定额工、料、机数量+换入结构件工程量×
相应定额工、料、机消耗量-换出结构件工程量×相应定额工、料、机消耗量 （5.11）

以上两种方法，前者是直接修正概算指标单价，后者是修正概算指标工、料、机数量。修正之后，方可按上述方法分别套用。

【例 5.2】某拟建工程为二层砖混结构，一砖外墙，层高 3.3 m，该工程建筑面积及外墙工程量分别为 265.07 m^2、77.933 m^3。原概算指标为每 100 m^2 建筑面积一砖半外墙 25.71 m^3，每平方米概算造价 120.5 元（砖砌一砖外墙概算单价按 23.76 元，砖砌一砖半外墙按 30.31 元）。试求修正后的单方造价和概算造价。

【解】拟建单位工程概算造价=拟建工程建筑面积（体积）×概算指标

概算指标的修正：

单位造价修正指标=原指标单价-换出结构构件的价值+换入结构构件的价值

换入砖砌-砖外墙每 100 m^2 数量=77.933×100+265.07=29.4（m^3）

换入价值 29.4×23.76=698.54（元）

换出价值 25.71×30.31=779.27（元）

每平方米建筑面积造价修正指标=120.5+698.54÷100−779.27÷100=119.7（元/m^2）

单位工程概算造价=265.07×119.7=31 728.88（元）

3）类似工程预算法

类似工程预算法是利用技术条件与设计对象相类似的已完工程或在建工程的工程造价资料来编制拟建工程设计概算的方法。当拟建工程初步设计与已完工程或在建工程的设计相类似而又没有可用的概算指标时可以采用类似工程预算法。

类似工程预算法对条件有所要求，也就是可比性，即拟建工程项目在建筑面积、结构构造特征要与已建工程基本一致，如层数相同、面积相似、结构相似、工程地点相似等，采用此方法时必须对建筑结构差异和价差进行调整。

（1）建筑结构差异的调整。结构差异调整方法与概算指标法的调整方法相同。

（2）价差调整。类似工程造价的价差调整可以采用两种方法。

① 当类似工程造价资料有具体的人工、材料、机械台班的用量时，可按类似工程预算造价资料中的主要材料、工日、机械台班数量乘以拟建工程所在地的主要材料预算价格、人工单价、机械台班单价，计算出人、材、机费，再计算其他各项费用，即可得出所需的造价指标。

② 类似工程造价资料只有人工、材料、施工机具使用费和企业管理费等费用或费率时，可按下面公式调整：

$$D = A \cdot K \tag{5.12}$$

$$K = a\%\ K_1 + b\%\ K_2 + c\%\ K_3 + d\%\ K_4 \tag{5.13}$$

式中 D——拟建工程成本单价；

A——类似工程成本单价；

K——成本单价综合调整系数；

$a\%$，$b\%$，$c\%$，$d\%$——类似工程预算的人工费、材料费、施工机具使用费、企业管理费占预算成本的比重，如 $a\%=\dfrac{\text{类似工程人工费}}{\text{类似工程预算成本}}\times100\%$，$b\%$，$c\%$，类同；

K_1，K_2，K_3，K_4——拟建工程地区与类似工程预算造价在人工费、材料费、施工机具使用费、企业管理费之间的差异系数，如 $K_1=\dfrac{\text{拟建工程概算的人工费（或工资标准）}}{\text{类似工程预算的人工费（或地区工资标准）}}\times100\%$，$K_2$，$K_3$，$K_4$类同。

以上综合调价系数是以类似工程中各成本构成项目占总成本的百分比为权重，按照加权的方式计算的成本单价的调价系数。根据类似工程预算提供的资料，也可按照同样的计算思路计算出人、材、机费综合调整系数，通过系数调整类似工程的工料单价，再行计算其他剩余费用构成内容，也可得出所需的造价指标。总之，以上方法可灵活应用。

4）单位设备及安装工程概算编制方法

单位设备及安装工程概算包括单位设备及工器具购置费概算和单位设备安装工程费概算两大部分。设备及工器具购置费概算可参见第二章的计算方法。设备安装工程费概算的编制方法应根据初步设计深度和要求所明确的程度而采用，其主要编制方法有：

（1）预算单价法。当初步设计较深，有详细的设备清单时，可直接按安装工程预算定额单价编制安装工程概算，概算编制程序与安装工程施工图预算程序基本相同。该法的优点是计算比较具体，精确性较高。

（2）扩大单价法。当初步设计深度不够，设备清单不完备，只有主体设备或仅有成套设备重量时，可采用主体设备、成套设备的综合扩大安装单价来编制概算。

上述两种方法的具体编制步骤与建筑工程概算相类似。

（3）设备价值百分比法，又称安装设备百分比法。当初步设计深度不够，只有设备出厂价而无详细规格、重量时，安装费可按占设备费的百分比计算。其百分比值（即安装费率）由相关管理部门制定或由设计单位根据已完类似工程确定。该法常用于价格波动不大的定型产品和通用设备产品，其计算公式为：

$$设备安装费=设备原价\times安装费率(\%) \tag{5.14}$$

（4）综合吨位指标法。当初步设计提供的设备清单有规格和设备重量时，可采用综合吨位指标编制概算，其综合吨位指标由相关主管部门或由设计单位根据已完类似工程的资料确定。该法常用于设备价格波动较大的非标准设备和引进设备的安装工程概算，其计算公式为：

$$设备安装费=设备吨重\times每吨设备安装费指标(元/吨) \tag{5.15}$$

2. 单项工程综合概算的编制

单项工程综合概算是确定单项工程建设费用的综合性文件，它是由该单项工程的各专业单位工程概算汇总而成的，是建设项目总概算的组成部分。

单项工程综合概算文件一般包括编制说明（不编制总概算时列入）、综合概算表（含其所附的单位工程概算表和建筑材料表）两大部分。当建设项目只有一个单项工程时，此时综合概算文件（实为总概算）除包括上述两大部分外，还应包括工程建设其他费用、建设期利息、预备费的概算。

1）编制说明

编制说明应列在综合概算表的前面，其内容包括：工程概况、编制依据、编制方法、主要设备及材料的数量、主要技术经济指标、工程费用计算表、引进设备材料有关费率取定及依据、引进设备材料从属费用计算表、其他必要的说明等等。

2）综合概算表

综合概算表是根据单项工程所辖范围内的各单位工程概算等基础资料，按照国家或部委所规定统一表格进行编制。综合概算的一般应包括建筑工程费用、安装工程费用、设备及工器具购置费。当不编制总概算时，还应包括工程建设其他费用、建设期利息、预备费等费用项目。单项工程综合概算表如表 5.4 所示。

表 5.4　单项工程综合概算表

建设项目名称：　　单项工程名称：　　单位：万元　　共　页第　页

序号	单位工程和费用名称	概算价值/万元						技术经济指标			占总投资比例/%
		建筑工程费	安装工程费	设备购置费	工器具及生产家具购置	其他费用	合计	单位	数量	单位造价/（元/m^2）	
一	建筑工程										
1	土建工程										
2	电气照明工程										
3	给排水工程										
4	采暖工程										
	……										
	小计										
二	设备及安装工程										
1	机械设备及安装工程										
2	电气设备及安装工程										
3	热力设备及安装工程										
	小计										
三	工器具及生产家具购置										
	合计										
	占比例										

3. 建设项目总概算的编制

建设项目总概算是设计文件的重要组成部分，是预计整个建设项目从筹建到竣工交付使用所花费的全部费用的文件。它是由各单项工程综合概算、工程建设其他费用、建设期利息、预备费和经营性项目的铺底流动资金概算所组成，按照主管部门规定的统一表格进行编制而成的。

设计总概算文件应包括：编制说明、总概算表、各单项工程综合概算书、工程建设其他费用概算表、主要建筑安装材料汇总表。独立装订成册的总概算文件宜加封面、签署页（扉页）和目录。现作简要说明如下。

（1）封面、签署页及目录。

（2）编制说明。编制说明的内容与单项工程综合概算文件相同。

（3）总概算表。总概算表格式如表 5.5 所示。

表 5.5　总概算表

总概算编号：　　　　　　建设项目名称：　　　　　　单位：万元　　　　共　页第　页

序号	概算编号	工程项目和费用名称	概算价值						其中：引进部分		占总投资比例/%
			建筑工程	安装工程	设备购置	工器具及生产家具购置	其他	总价	美元	折合人民币	
一		工程费用									
1		主要生产项目									
2		辅助生产项目									
3		公用设施工程项目									
4		生活福利、文化教育及服务项目									
		……									
二		工程建设其他费用									
1		土地征用费									
2		勘察设计费									
3		建设管理费									
		……									
		第一、二部分工程和费用合计（一+二）									
三		预备费									
1		基本预备费									
2		价差预备费									
四		建设期利息									
五		固定资产投资合计（一+二+三+四）									
六		铺底流动资金									
七		建设项目概算总投资									

（4）工程建设其他费用概算表。工程建设其他费用概算按国家或地区或部委所规定的项目和标准确定，并按统一格式编制，如表 5.6 所示。

表 5.6　工程项目其他费用表

序号	费用名称编号	费用项目名称	费用计算基数	费率	金额	计算公式	备注

（5）单项工程综合概算表和建筑安装单位工程概算表。

（6）主要建筑安装材料汇总表。针对每一个单项工程列出钢筋、型钢、水泥、木材等主要建筑安装材料的消耗量。

5.2.6 设计概算编制实例

【例 5.3】某拟建砖混结构住宅工程，建筑面积 3 420.00 m²，结构形式与已建成的某工程相同，只有外墙保温贴面不同，其他部分均较为接近。类似工程外墙为珍珠岩板保温、水泥砂浆抹面，每平方米建筑面积消耗量分别为：0.044 m³、0.842 m²，珍珠岩板 253.1 元/m³、水泥砂浆 11.95 元/m²；拟建工程外墙为加气混凝土保温、外贴釉面砖，每平方米建筑面积消耗量分别为：0.08 m³、0.95 m²，加气混凝土现行价格 285.48 元/m³，贴釉面砖现行价格 79.75 元/m²。类似工程单方造价 889 元/m²，其中，人工费、材料费、机械费、措施费、其他费用占单方造价比例，分别为：11%、62%、6%、9%和 12%，拟建工程与类似工程预算造价在这几方面的差异系数分别为：2.50、1.25、2.1、1.15 和 1.05，拟建工程除直接工程费以外费用的综合取费为 20%。

问题：

1. 应用类似工程预算法确定拟建工程的单位工程概算造价。

2. 若类似工程预算中，每平方米建筑面积主要资源消耗为：

人工消耗 5.08 工日，钢材 23.8 kg，水泥 205 kg，原木 0.05 m³，铝合金门窗 0.24 m²，其他材料费为主材费 45%，机械费占直接工程费 8%，拟建工程主要资源的现行市场价分别为：人工 50 元/工日，钢材 4.7 元/kg，水泥 0.50 元/kg，原木 1 800 元/m³，铝合金门窗平均 350 元/m²。试应用概算指标法，确定拟建工程的单位工程概算造价。

3. 若类似工程预算中，其他专业单位工程预算造价占单项工程造价比例，见表 5.7。试用问题 2 的结果计算该住宅工程的单项工程造价，编制单项工程综合概算表。

表 5.7　各专业单位工程预算造价占单项工程造价比例

专业名称	土建	电气照明	给排水	采暖
占比例/%	85	6	4	5

问题 1：

【解】1. 拟建工程概算指标 = 类似工程单方造价×综合差异系数

$$\text{综合差异系数 } k = a\%\times k_1 + b\%\times k_2 + c\%\times k_3 + d\%\times k_4 + e\%\times k_5$$

式中　$a\%$，$b\%$，$c\%$，$d\%$，$e\%$——类似工程预算人工费、材料费、机械费、措施费和其他费占单位工程造价比例；

k_1，k_2，k_3，k_4，k_5——拟建工程地区与类似工程地区在人工费、材料费、机械费、措施费和其他费等方面差异系数。

综合差异系数 $k = 11\%\times2.50 + 62\%\times1.25 + 6\%\times2.10 + 9\%\times1.15 + 12\%\times1.05 = 1.41$

2. 结构差异额=（0.08×285.48 + 0.95×79.75）－（0.044×253.1 + 0.842×11.95）

=77.40（元/m²）

3. 修正概算指标 = 拟建工程概算指标 + 结构差异额

拟建工程概算指标 = 889×1.41 = 1 253.49（元/m^2）

修正概算指标 = 1 253.49 + 77.40×（1 + 20%） = 1 346.37（元/m^2）

4. 拟建工程概算造价 = 拟建工程建筑面积×修正概算指标

= 3 420×1 346.37 = 4 604 585.40（元） = 460.46（万元）

问题 2：

【解】1. 计算拟建工程单位平方米建筑面积的人工费、材料费和机械费。

（1）人工费=5.08×50 =254（元）

（2）材料费=（23.8×4.7 + 205×0.5 + 0.05×1 800 + 0.24×350）×（1 + 45%）=563.12（元）

（3）机械费=概算直接工程费×8%

概算直接工程费=254 + 563.12 + 概算直接工程费×8%

概算直接工程费=（254 + 563.12）÷（1−8%）=888.17（元/m^2）

2. 计算拟建工程概算指标、修正概算指标和概算造价。

概算指标=888.17（1 + 20%）=1 065.80（元/m^2）

修正概算指标=1 065.80 + 77.40×（1 + 20%）=1 158.68（元/m^2）

拟建工程概算造价=3 420×1 158.68 = 3 962 685.50 元 =396.27（万元）

问题 3：

【解】1. 单项工程概算造价=396.27÷85% =466.20（万元）

（1）电气照明单位工程概算造价=466.20×6% =27.97（万元）

（2）给排水单位工程概算造价=466.20×4% =18.65（万元）

（3）暖气单位工程概算造价=466.20×5% =23.31（万元）

2. 编制该住宅单项工程综合概算书，如表 5.8。

表 5.8　某住宅工程综合概算书

序号	单位工程和费用名称	概算价值/万元				技术经济指标			占总投资比例/%
		建安工程费	设备购置	工程建设其他费用	合计	单位	数量	单位造价/（元/m^2）	
一	建筑工程	466.20			466.20	m^2	3420	1 363.15	
1	土建工程	396.27			396.27	m^2	3420	1 158.68	85
2	电气工程	27.27			27.27	m^2	3420	81.79	6
3	给排水工程	18.65			18.65	m^2	3420	54.53	4
4	暖气工程	23.31			23.31	m^2	3420	68.16	5
二	设备及安装								
1	设备购置								
2	设备安装								
合计		466.20			466.20	m^2	3420	1 363.15	
占比例		100%			100%				

【例 5.4】某市拟建垃圾焚烧发电项目，以 2014 年 1 月 1 日为概算编制时点计算所得的各项数据如下：

1. 用于生产营运的单项工程费用合计 7 400 万元（其中：建筑工程费 2 800 万元，设备购置费 3 900 万元，安装工程费 700 万元）。

2. 用于环境保护的单项工程费用合计 550 万元（其中：建筑工程费 330 万元，设备购置费 220 万元）。

3. 用于生活福利的单项工程建筑工程费用合计 220 万元。

4. 土地使用费 900 万元。

5. 建设单位管理费 95 万元。

6. 研究试验费 50 万元。

7. 办公和生活家具购置费 20 万元。

8. 工程保险费 33 万元。

9. 安装工程危险作业意外伤害保险费 2 万元。

10. 其余工程建设其他费用合计 550 万元。

11. 基本预备费费率为 5%，不考虑价差预备费。

12. 建设资金来源为：项目资本金部分为国家财政收入，贷款部分为国家全额贴息贷款。

13. 免征固定资产投资方向调节税。

14. 铺底流动资金 150 万元。

问题：1. 说明题目所列费用中，哪些费用之间具有包含关系？

2. 请根据上述给定信息，填制建设项目总概算表 5.9（数值取整）。

表 5.9 建设项目总概算表

序号	工程项目和费用名称	概算价值					技术经济指标
		建筑工程	安装工程	设备及工器具购置	其他费用	总价	占总投资比例/%
一	工程费用						
二	工程建设其他费用						
三	预备费						
四	固定资产投资方向调节税						
五	建设期利息						
六	铺底流动资金						
	建设项目概算总投资						100%

3. 该建设项目中某综合楼为国家混凝土框架结构，初步设计建筑面积为 3 500 m^2，采用相似工程概算指标填制的方法测试得该综合楼房屋建筑与装饰单位工程概算造价为 5 075 000 元，已知填制的内容为：该工程基础采用预制钢筋混凝土管桩加钢筋混凝土承台，技术经济指标为 150；外墙饰面采用新型抗老化涂料，技术经济指标为 35。所选取的相似工程基础为钢筋混凝土带形基础，技术经济指标为 110；外墙饰面为陶瓷面砖，技术经济指标为 50，请计算出作为测算基准的相似工程每平方米造价。（计算结果小数点后保留 2 位）

【解】问题 1：费用归类并汇总计算，如表 5.10 所示。

表 5.10 项目费用归类计算表

序号	费用名称	金额/万元	占总投资比例/%
一	工程费用	8 170	78.12
1	建筑工程费	3 350	
1.1	建筑工程费（生产营运）	2 800	
1.2	建筑工程费（环境保护）	330	
1.3	建筑工程费（生活福利）	220	
2	安装工程费	700	
2.1	安装工程费（生产营运）	700	
3	设备及工器具购置费	4 120	
3.1	用于生产营运	3 900	
3.2	用于环境保护	220	
二	工程建设其他费	1 648	15.75
1	土地使用费	900	
2	建设单位管理费	95	
3	研究试验费	50	
4	办公和生活家具购置费	20	
5	工程保险费	33	
6	其他工程建设其他费	550	
	以上两项合计：（一）+（二）	9 818	
三	预备费用	491.00	4.69
1	基本预备费（以上两项合计×5%）	491.00	
2	涨价预备费	0	
四	固定资产投资方向调节税	0	0.00
五	建设期贷款利息	0	0.00
六	铺底流动资金	150	1.43
	建设项目总投资：（一）+（二）+（三）+（四）+（五）+（六）	10 458.90	100.00

问题 2：计算结果如表 5.11 所示。

表 5.11 建设项目总概算表

序号	工程和费用名称	概算价值/万元					技术经济指标
		建筑工程	安装工程	设备及工器具购置费	其他费用	合计	占投资比例/%
一	工程费用	3 350	700	4 120		8 170	78.10
二	工程建设其他费				1 648	1 648	15.75
三	预备费用				491	491	4.69
四	固定资产投资方向调节税				0	0	0.00
五	建设期贷款利息				0	0	0.00
六	铺底流动资金				150	150	1.43
	建设项目总投资					10 459	100

问题 3：作为测算基准的相拟工程每平方米造价计算，如表 5.12 所示。

表 5.12　相拟工程每平方米造价计算表

序号	项目名称	总价	建筑面积	单方造价
一	相拟工程	5 075 000	3 500	1 450
1	基础（条基）			110
2	外墙（贴面砖）			50
二	调整项目			
1	基础（管桩）			150
2	外墙（抗老化涂料）			35
三	测算指标	1 450+（150+35）－（110+50）		1 475

习题与思考题

1. 什么是设计概算？设计概算的编制依据有哪些？
2. 设计概算的三级概算是指哪三级？其每级所包含的费用有哪些？
3. 什么是单位工程概算？编制单位工程概算的方法有哪几种？
4. 简述概算定额法编制单位工程概算的基本步骤。
5. 建设项目总概算文件由哪些部分构成？
6. 某医科大学拟建一栋综合试验楼，该楼一层为加速器室，2～5 层为工作室。建筑面积 1 360 m^2。根据扩大初步设计图纸计算出该综合试验楼各扩大分项工程的工程量以及当地信息价算出的扩大综合单价，列于表 5.13 中。根据当地现行定额及相关规定，各项费用按直接工程费计费，费率分别为：措施费按直接工程费计费费率 9%，管理费费率 11%，利润率 4.5%，其他项目费为概算直接工程费的 8%，税率 3.41%。

表 5.13　加速器室工程量及扩大单价表

定额号	扩大分项工程名称	单位	工程量	扩大单价
3-1	实心砖基础（含土方工程）	10 m^3	1.960	1 614.16
3-27	多孔砖外墙（含外墙面勾缝、内墙面中等石灰砂浆及乳胶漆）漆）	100 m^2	2.184	4 035.03
3-29	多孔砖内墙（含内墙面中等石灰砂浆及乳胶漆）	100 m^2	2.292	4 885.22
4-21	无筋混凝土带基（含土方工程）	m^3	206.024	559.24
4-24	混凝土满堂基础	m^3	169.470	542.74
4-26	混凝土设备基础	m^3	1.580	382.70
4-33	现浇混凝土矩形梁	m^3	37.86	952.51
4-38	现浇混凝土墙（含内墙面石灰砂浆及乳胶漆）	m^3	470.120	670.74
4-40	现浇混凝土有梁板	m^3	134.820	786.86
4-44	现浇整体楼梯	10 m^2	4.440	1 310.26
5-42	铝合金地弹门（含运输、安装）	樘	2	1 725.69
5-45	铝合金推拉窗（含运输、安装）	樘	15	653.54

续表

定额号	扩大分项工程名称	单位	工程量	扩大单价
7-23	双面夹板门（含运输、安装、油漆）	樘	18	314.36
8-81	全瓷防滑砖地面（含垫层、踢脚线）	100 m^2	2.720	9 920.94
8-82	全瓷防滑砖楼面（含踢脚线）	100 m^2	10.880	8 935.81
8-83	全瓷防滑砖楼梯（含防滑条、踢脚线）	100 m^2	0.444	10 064.39
9-23	珍珠岩找坡保温层	10 m^3	2.720	3 634.34
9-70	二毡三油一砂防水层	100 m^2	2.720	5 428.80

问题：

（1）试根据表 5.13 给定的工程量和扩大单价表，编制该工程的土建单位工程概算表，计算土建单位工程的直接工程费；根据所给费率，计算各项费用，编制土建单位工程概算书。

（2）若同类工程的各专业单位工程造价占单项工程综合造价的比例，如表 5.14 所示。试计算该工程的综合概算造价，编制单项工程综合概算书。

表 5.14 各专业单位工程造价占单项工程综合造价的比例

专业名称	土建	采暖	通风空调	电气照明	给排水	设备购置	设备安装	工器具
占比例/%	40	1.5	13.5	2.5	1	38	3	0.5

第 6 章 施工图预算

【学习目标】

1. 了解施工图预算的概念、作用。
2. 了解定额计价的含义。
3. 熟悉施工图预算的编制内容。
4. 熟悉定额计价法编制施工图预算的方法及步骤。
5. 熟悉工程量清单的概念和内容。
6. 掌握分部分项工程清单项目综合单价的计算及其编制方法。
7. 掌握工程量清单项目的编制方法。
8. 掌握工程量清单计价编制施工图预算的基本方法和程序。

6.1 概 述

6.1.1 施工图预算的概念

施工图预算是在设计的施工图完成以后，以施工图为依据，根据预算定额、费用标准以及工程所在地区的人工、材料、施工机械设备台班的预算价格编制的，确定建筑工程、安装工程预算造价的文件。

6.1.2 施工图预算的作用

施工图预算的作用主要有：

（1）施工图预算是工程实行招标、投标的重要依据。

（2）施工图预算是签订工程施工合同的重要依据。

（3）施工图预算是办理工程财务拨款、工程贷款和工程结算的依据。

（4）施工图预算是施工单位进行人工和材料准备、编制施工进度计划、控制工程成本的依据。

（5）施工图预算是落实或调整年度进度计划和投资计划的依据。

（6）施工图预算是施工企业降低工程成本、实行经济核算的依据。

6.1.3 施工图预算的编制内容

施工图预算与设计概算的编制内容相同，分为三级预算，即单位工程预算、单项工程综合预算和建设项目总预算。建设项目总预算由单项工程综合预算汇总编制而成，单项工程综合预算由组成本单项工程的所有单位工程预算汇总编制而成。单位工程预算包括建筑工程预算和设备及安装工程预算。

建设项目总预算是反映施工图设计阶段建设项目总投资的造价文件，其具体费用如图6.1所示。

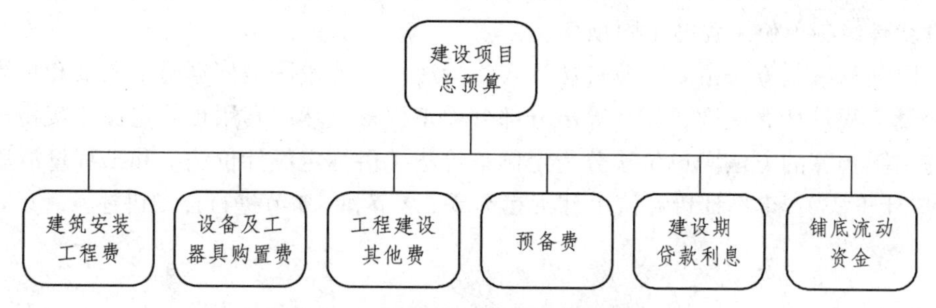

图6.1 建设项目总预算费用构成

单项工程预算是反映施工图设计阶段一个单项工程（设计单元）造价的文件，是总预算的组成部分，由构成该单项工程的各个单位工程施工图预算组成，如图6.2所示。

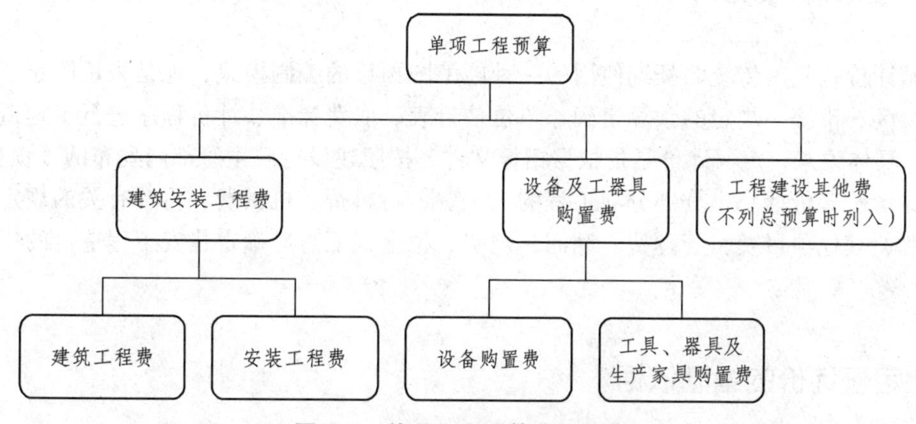

图6.2 单项工程预算费用构成

单位工程预算是反映施工图设计阶段一个单位工程投资的造价文件，其具体费用如图6.3所示。

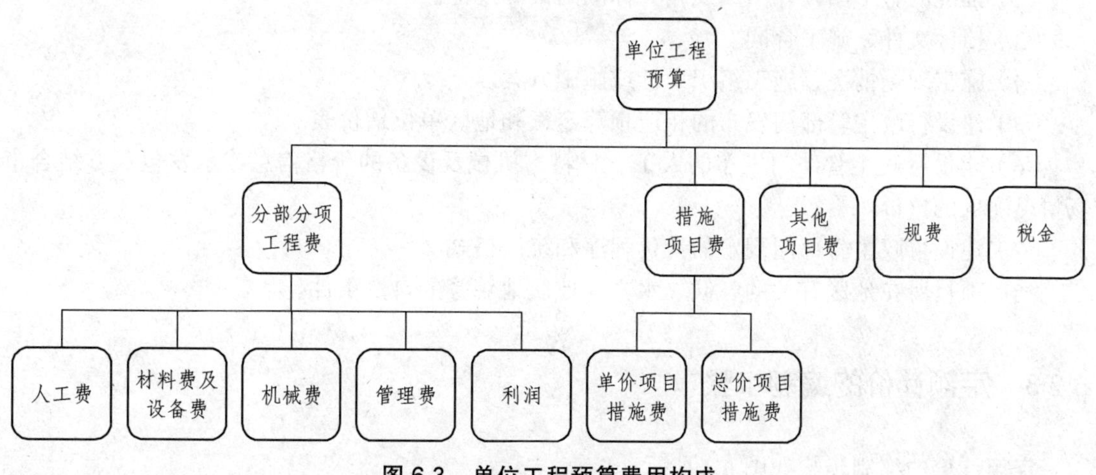

图6.3 单位工程预算费用构成

6.1.4 施工图预算的编制方法

施工图预算由单位工程预算、单项工程预算和建设项目总预算三级预算逐级编制综合汇总而成。施工图预算是以单位工程为对象编制，按单项工程汇总而成的，因此施工图预算编制的关键就是编制单位工程施工图预算。

施工图预算编制方法主要有单价法和实物量法。实物量法是依据施工图纸和预算定额的项目划分及工程量计算规则，先计算出分部分项工程量，然后套用预算定额（实物量定额）来编制施工图预算的方法。单价法分为定额单价法（俗称定额计价法）和工程量清单单价法（俗称清单计价法），定额计价和清单计价在本章 6.2 节和 6.4 节进行详细讲述。

6.2 定额计价

6.2.1 定额计价的含义

定额计价是我国传统的长期使用的一种施工图预算的编制模式，他是采用国家、部门或省、自治区、市统一规定的预算定额、单位估价表、取费标准、计价程序进行工程造价计价的模式。具体说来，定额计价是指根据招标文件、按照建设行政主管部门发布的《预算定额》列项、算量、套价计算出分部分项工程的人工费、材料费、机械费，再按有关的规定计算措施项目费、其他项目费、管理费、利润、规费、税金，汇总后确定建安工程造价的一种计价方法。

6.2.2 定额计价的编制依据

定额计价的编制依据主要有：

（1）国家、行业、地方政府发布的计价依据、有关法律法规或规定。

（2）批准的施工图设计图纸及相关标准图集和规范。

（3）招标文件、施工合同。

（4）施工现场情况、施工组织设计或施工方案。

（5）建设行政主管部门发布的相应预算定额和地区单位估价表。

（6）建设行政主管部门发布的人工、材料、机械及设备的价格信息或承发包双方结合市场情况确认的单价。

（7）建设行政主管部门规定的计价程序和统一格式。

（8）项目所在地区有关的气候、水文、地质地貌等的自然条件。

6.2.3 定额计价的编制步骤

定额计价的编制步骤如图 6.4 所示。

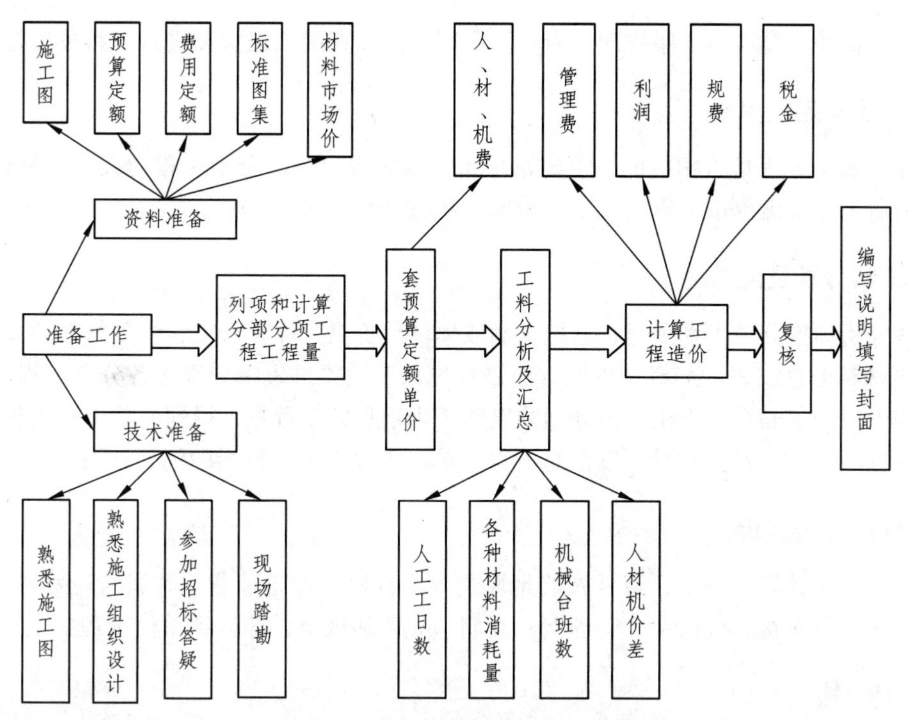

图 6.4　施工图预算的编制步骤

1. 准备工作

编制施工图预算，不仅应严格遵守国家计价法规、政策，严格按图纸计量，还应考虑施工现场条件因素，是一项复杂而细致的工作，也是一项政策性和技术性都很强的工作，因此必须事前做好充分准备。准备工作主要包括两个方面：一是资料准备；二是技术准备。

资料准备主要是收集编制预算所需的各种资料，包括施工图纸、现行本地区所用预算定额、费用定额、招标文件、各类标配图集及材料预算价格或市场价格等。

技术准备主要是熟悉施工图纸，熟悉施工组织设计或施工方案，了解施工现场情况。图纸是编制施工图预算的基本依据。熟悉图纸不但要弄清图纸的内容，还应对图纸进行审核：图纸间相关尺寸是否有误，设备与材料表上的规格、数量是否与图示相符，详图、说明、尺寸和其他符号是否正确等，若发现错误应及时纠正。另外，还要熟悉标准图以及设计更改通知（或类似文件），这些都是图纸的组成部分，不可遗漏。编制施工图预算前，还应了解施工组织设计中影响工程造价的有关内容。例如，各分部分项工程的施工方法，土方工程中余土外运使用的工具、运距，施工平面图对建筑材料、构件等堆放点到施工操作地点的距离等，以便能正确计算工程量和正确套用或确定某些分项工程的基价。这对于正确计算工程造价、提高施工图预算质量，具有重要意义。

2. 列项和计算分部分项工程量

所列项目必须和定额规定的项目一致，这样才能正确套用定额，防止出现漏项和重复列项的现象。工程量计算也必须按定额规定的工程量规则进行计算，该扣除部分要扣除，不该扣除的部分不能扣除。当按照工程项目将工程量全部计算完以后，要对工程项目和工程量进行整理，即合并同类项和按序排列，为套用定额、计算直接工程费和进行工料分析打下基础。

3. 套预算定额单价

将计算出的工程量与相应的预算定额单价相乘，得出分部分项工程的人工、材料、机械费用，最后汇总得出单位工程的人工、材料、机械费用。

4. 工料分析及汇总

工料分析即按分项工程项目，依据定额或单位估价表，计算人工和各种材料的实物耗量，并将主要材料汇总成表。工料分析的方法是首先从定额项目表中分别将各分项工程消耗的每项材料和人工的定额消耗查出；再分别乘以该工程项目的工程量，得到分项工程工料消耗量，最后将各分项工程工料消耗量加以汇总，得出单位工程人工、材料的消耗数量。

5. 计算工程造价

按相关规定计算措施费，以及按当地取费规定计取企业管理费、利润、规费和税金等，汇总人工费、材料费、机械费、管理费、利润、规费和税金，即得到单位工程的工程造价。

6. 复　核

对项目填列、工程量计算公式、计算结果、套用单价、取费费率、数字计算结果、数据精确度等进行全面复核，及时发现差错并修改，以保证预算的准确性。

7. 填写封面、编制说明

填写封面、编制说明，并按顺序编排和装订成册，便完成了单位施工图预算的编制工作。

6.3 建筑安装工程各项费用组成及计算

6.3.1 建筑安装工程各项费用组成

建筑安装工程各项费用组成如表 6.1 所示。

表 6.1　工程造价费用组成表

分类		费用项目
分部分项工程费	直接工程费	人工费、材料费、施工机械使用费
	管理费	管理人员工资、办公费、差旅交通费、固定资产使用费、工具用具使用费、劳动保险和职工福利费、劳动保护费、检验试验费、工会经费、职工教育经费、财产保险费、财务费、税金、其他等
	利润	施工企业完成所承包工程获得的盈利

续表

分类	费用项目
措施项目费	环境保护费、文明施工费、安全施工费、临时设施费、夜间施工增加费、二次搬运费、冬雨季施工增加费、已完工程及设备保护费、工程定位复测费、特殊地区施工增加费、大型机械设备进出场及安拆费、脚手架工程费、混凝土及钢筋混凝土模板及支架费、施工排水及降水费用等
其他项目费	除分部分项工程费、措施费以外，为完成项目施工可能发生的费用
规费	工程排污费、社会保险费、住房公积金、残疾人保证金、危险作业意外伤害保险
税金	增值税销项税额、城市建设维护税、教育费附加、地方教育附加

6.3.2　分部分项工程费的计算

分部分项工程费=∑（分项工程量×相应项目定额基价）+管理费+利润　　（6.1）

或　分部分项工程费=人工费+材料费+机械费+管理费+利润　　（6.2）

其中：

（1）人工费=∑（分部分项工程量×人工消耗量×人工工日单价）　　（6.3）

（2）材料费=∑（分部分项工程量×材料消耗量×材料单价）　　（6.4）

（3）机械费=∑（分部分项工程量×机械台班消耗量×定额台班单价）　　（6.5）

注意：① 式（6.3 ~ 6.5）中，人工消耗量、材料消耗量、机械台班消耗量从当地《预算定额》中查用。人工工日单价、材料单价、机械台班单价，应根据当地建设行政主管部门发布的人工、材料、机械及设备的价格信息或承发包双方结合市场情况确认的单价来确定。

② 现行《云南省房屋建筑与装饰工程消耗量定额》中，材料费包括计价材料费和未计价材料费。未计价材料定额中未注明材料单价，且定额材料费中不包括其价格，其用量在定额消耗量中用“( )”表示。因此，式（6.4）一般用式 6.6 表示。

材料费=∑分部分项工程量×（材料费+未计价材料费）　　（6.6）

（4）管理费=（定额人工费+定额机械费×8%）×管理费费率　　（6.7）

分部分项工程费的管理费费率见表 6.2。

表 6.2　分部分项工程费管理费费率

专业	房屋建筑与装饰工程	通用安装工程	市政工程	园林绿化工程	房屋修缮及仿古建筑工程	城市轨道交通工程	独立土石方工程
费率/%	33	30	28	28	23	28	25

注：此表为云南省 2013 年管理费费率取费表。

（5）利润 =（定额人工费+定额机械费×8%）×利润率　　（6.8）

分部分项工程费的利润率如表 6.3。

表 6.3 分部分项工程费利润率

专业	房屋建筑与装饰工程	通用安装工程	市政工程	园林绿化工程	房屋修缮及仿古建筑工程	城市轨道交通工程	独立土石方工程
费率/%	20	20	15	15	15	18	15

注：此表为云南省 2013 年利润率取费表。

注意：人工费、材料费、机械费具体计算可在“建筑安装工程直接工程费计算表”（计算数据来源）上完成。表格样式如表 6.4 所示。

表 6.4 建筑安装工程直接工程费计算表

工程名称： 第 页 共 页

序号	定额编号	项目名称	单位	工程量	单价/元				合价/元			
					人工费	材料费	机械费	小计	人工费	材料费	机械费	小计
合计												

【例 6.1】按《云南省房屋建筑与装饰工程消耗量定额》在“建筑安装工程直接工程费计算表”上套价并计算以下工程的直接工程费，并计算其分部分项工程费。

（1）人工挖沟槽土方（三类土，深 3 m）50 m^3。

（2）M5.0 水泥砂浆砌砖基础 20 m^3。

（3）现浇 C20 钢筋混凝土构造柱 15 m^3。

（4）1∶2.5 水泥砂浆铺楼地面花岗岩（500×500 mm，单色）100 m^2。

已知当地材料价如下：

M5.0 水泥砂浆：230 元/m^3；红砖：300 元/千块；现浇 C20 混凝土：240 元/m^3；1∶2.5 水泥砂浆：400 元/m^3；花岗岩：350 元/m^2。

【解】第 1 步：查《云南省房屋建筑与装饰工程消耗量定额》，如表 6.5 和表 6.6 所示。

表 6.5 分项工程消耗量定额表

定额编号				01010005	01040001	01050021
项目				人工挖沟槽、基坑（三类土，深 4 m 以内）（100 m^3）	砖基础（10 m^3）	构造柱（10 m^3）
基价/元				3 373.63	820.00	2 016.69
其中	人工费/元			3 373.63	778.06	1 651.94
	材料费/元			—	5.88	49.48
	机械费/元			—	36.06	315.27
名称		单位	单价	数量		
材料	标准砖 240×115×53/mm	m^3	—	—	（5.240）	—
	砌筑水泥砂浆 M5.0	m^3	—	—	（2.490）	—

续表

名称		单位	单价	数 量		
材料	现浇混凝土 C20	m^3	—	—	—	（10.15）
	草席	m^2	1.40	—	—	1.26
	水	m^3	5.60	—	1.050	8.52
机械	灰浆搅拌机 200L	台班	86.90	—	0.415	—
	砼搅拌机 500L	台班	192.49	—	—	0.531
	砼振捣器 插入式	台班	15.47	—	—	1.25
	翻斗车 装载质量 1t	台班	150.17	—	—	1.29

表 6.6 分项工程消耗量定额表

定额编号				01090069
项 目				花岗石楼地面（周长 3 200 mm 以内，单色）（100 m^3）
基 价/元				2 745.33
其中	人工费/元			2 566.06
	材料费/元			80.32
	机械费/元			98.95
名 称		单位	单价	数量
材料	花岗岩板 500×500 d=20	m^2	—	（102.00）
	水泥砂浆 1∶2.5	m^3	—	（2.020）
	素水泥浆	m^3	357.66	0.100
	石材切割锯片	片	23.00	0.420
	棉纱头	kg	10.60	1.000
	锯木屑	m^3	7.64	0.600
	白水泥	kg	0.50	10.300
	水	m^3	5.60	2.600
机械	灰浆搅拌机 200 L	台班	86.90	0.337
	石料切割机	台班	34.66	2.010

第 2 步：计算人工费、材料费、机械费，计算结果如表 6.7 所示。

第 3 步：从表 6.7 最后一行“合计”可知，人工费=8 286.91 元，材料费=44 617.70 元，机械费=643.98 元

则：管理费=（8 286.91+643.98×8%）×33%=2 751.68（元）

利润=（8 286.91+643.98×8%）×20%=1 667.69（元）

第 4 步：计算分部分项工程费。

分部分项工程费=8 286.91 + 44 617.70 + 643.98 + 2 751.68 +1 667.69 =57 967.95（元）

表 6.7 建筑安装工程直接工程费计算表

工程名称： 第 页共 页

序号	定额编号	项目名称	单位	工程量	单价/元				合价/元			
					人工费	材料费	机械费	小计	人工费	材料费	机械费	合计
1	0101 0005	人工挖沟槽土方（三类土，深 3 m）	100 m^3	0.5	3 373.63			3 373.63	1 686.82			1 686.82
2	0104 0001	M5.0 水泥砂浆砌砖基础	10 m^3	2	778.06	2 150.58	36.06	2 964.70	1 556.12	4 301.16	72.12	5 929.40
3	0105 0021	现浇 C20 钢筋混凝土构造柱	10 m^3	1.5	1 651.94	2 485.48	315.27	4 452.69	2 477.91	3 728.22	472.91	6 679.04
4	0109 0069	1∶2.5 水泥砂浆铺楼地面花岗岩（500×500）	100 m^2	1	2 566.06	36 588.32	98.95	39 253.33	2 566.06	36 588.32	98.95	39 253.33
合计									8 286.91	44 617.70	643.98	53 548.58

注：表中 M5.0 水泥砂浆砌砖基础单价中材料费=计价材料费+ 未计价材料费=5.88+300×5.24+230× 2.49=2 150.58 元/10 m^3；现浇 C20 钢筋混凝土构造柱单价中材料费=计价材料费+ 未计价材料费=49.48+ 240×10.15=2 485.48 元/10 m^3；1∶2 水泥砂浆铺楼地面花岗岩（500×500）单价中材料费=计价材料费+ 未计价材料费=80.32+400×2.020+350×102=36 588.32 元/100 m^2。

6.3.3 措施项目费的计算

建标〔2013〕44 号文《建筑安装工程费用项目组成》中将措施项目划分为总价措施项目费和单价项目措施费两类。

1. 总价措施项目费

对不能计算工程量的项目，采用总价的方式，以“项”为计量单位计算的措施项目费用，其中已综合考虑了管理费和利润。计算方法如表 6.8 所示。

表 6.8 总价措施项目计算方法及费率

费率单位：%

项目名称	计算方法	房屋建筑与装饰工程	通用安装工程	市政工程	园林绿化工程	房屋修缮及仿古建筑工程	城市轨道交通工程	独立土石方工程
安全文明施工费	（分部分项工程费中定额人工费+分部分项工程费中定额机械费×8%）×费率	15.65	12.65	12.65	12.65	12.65	12.65	2
其中： （1）环境保护费 （2）安全施工费 （3）文明施工费		10.17	10.22	10.22	10.22	10.22	10.22	1.6
（4）临时设施费		5.48	2.43	2.43	2.43	2.43	2.43	0.4
冬、雨季施工增加费、生产工具用具使用费、工程定位复测、工程点交、场地清理费		5.95	4.16	市政工程中建筑工程：5.95 市政工程中安装工程：4.16	5.95	4.16	轨道交通工程中建筑工程：5.95 轨道交通工程中安装工程：4.16	5.95
特殊地区施工增加费	（定额人工费+定额机械费）×费率	2 500 米<海拔≤3 000 米的地区，费率为 8%； 3 000 米<海拔≤3 500 米的地区，费率为 15%； 海拔>3 500 米的地区，费率为 20%						

注：此表为云南省 2013 年总价措施项目计算方法及费率表。

总价措施项目中的安全文明施工费应按规定费率计算，不得作为竞争性费用。

2. 单价措施项目费

对能计算工程量的项目，如模板、脚手架、垂直运输、超高施工增加、大型机械设备进出场和安拆、施工排降水等，可以直接套用措施项目的人、材、机单价，计算其人工费、材料费、机械费。单价措施项目费的计算方法同分部分项工程费。

单价措施项目费=∑（措施项目分项工程量×相应项目定额基价）+措施项目管理费+措施项目利润 （6.9）

或 单价措施项目费=措施项目人工费+措施项目材料费+措施项目机械费+措施项目管理费+措施项目利润 （6.10）

其中：

措施项目人工费=∑（措施项目分项工程量×人工消耗量×人工工日单价） （6.11）

措施项目材料费=∑（措施项目分项工程量×材料消耗量×材料预算单价） （6.12）

措施项目机械费=∑（措施项目分项工程量×机械台班消耗量×机械台班单价）（6.13）

措施项目管理费=（定额人工费+定额机械费×8%）×管理费费率 （6.14）

措施项目利润 =（措施项目定额人工费+措施项目定额机械费×8%）×利润率 （6.15）

管理费费率取值同表 6.2，利润率取值同表 6.3。

6.3.4 其他项目费的计算

其他项目费包括暂列金额、暂估价、计日工、总承包服务费以及其他费用。

1. 暂列金额

招标人按工程造价的一定比例估算。投标人按工程量清单中所列的暂列金额计入报价中。工程实施中，暂列金额应由发包人掌握使用，余额归发包人所有，差额由发包人支付。

2. 暂估价

暂估价由招标人在工程量清单的其他项目费中计列。投标人将工程量清单中招标人提供的材料（工程设备）暂估单价计入综合单价，将招标人提供不包括税金的专业工程暂估总价直接计入投标报价的其他项目费用中。

3. 计日工

按规定计算，其管理费和利润按其专业工程费率计算。

4. 总承包服务费

根据合同约定的总承包服务内容和范围，参照下列标准计算：

（1）发包人仅要求对其分包的专业工程进行总承包现场管理和协调时，按分包的专业工程造价的 1.5%计算。

（2）发包人要求对其分包的专业工程进行总承包管理和协调并同时要求提供配合服务时，根据配合服务的内容和提出的要求，按分包的专业工程造价的3%～5%计算。

（3）发包人供应材料（设备除外）时，按供应材料价值的1%计算。

5. 其 他

（1）人工费调差：按省建设行政主管部门发布的人工调整文件计算。

（2）机械费调差：按省建设行政主管部门发布的机械费调整文件计算。

（3）风险费：依据招标文件计算。

（4）因设计变更或由于建设单位的责任造成的停工、窝工损失，可参照下列办法计算费用：

① 现场施工机械停滞费按定额机械台班单价的40%（社会平均参考值）计算，机械台班停滞费不再计算除税金外的费用。

② 生产工人停工、窝工工资按38元/工日计算，管理费按停工、窝工工资总额的20%（社会平均参考值）计算。停工、窝工工资不再计算除税金外的费用。

除①、②条以外发生的费用，按实际计算。

（5）承、发包双方协定的有关费用按实际发生计算。

6.3.5 规费的计算

（1）计算方法：

$$规费=计算基础\times费率 \tag{6.16}$$

表6.9 规费费率表

工程类别	计算基础	费率/%
社会保险费	定额人工费	26
住房公积金	定额人工费	
残疾人保证金	定额人工费	
危险作业意外伤害险	定额人工费	1
工程排污费	按工程所在地有关部门的规定计算	

（2）规费作为不可竞争性费用，应按规定计取。其费率表见表6.9。

（3）未参加建筑职工意外伤害保险的施工企业不得计算危险作业意外伤害保险费用。

6.3.6 税金的计算

（1）计算方法：

经国务院批准，自2016年5月1日起，在全国范围内全面推开营业税改征增值税（以下简称营改增）试点，建筑业、房地产业、金融业、生活服务业等全部营业税纳税人，纳入试点范围，由缴纳营业税改为缴纳增值税。根据《云南省住房和城乡建设厅关于印发〈关于建筑业营业税改征增值税后调整云南省工程造价计价依据的实施意见〉的通知》（云建标〔2016〕

207 号文）的规定，实施“营改增”后云南省工程造价计价中税金的计算公式为

税金=税前工程造价×综合税率　　（6.17）

① 税前工程造价的计算。

税前工程造价是指工程造价的各组成要素价格不含增值税（即可抵扣的进项税税额）的全部价款。也即人工费、计价材费、未计价材料费、机械费和各种费用中扣除相应进项税税额后计算的价款。因此，“税前工程造价”准确的定义应改为“计增值税的工程造价”，其计算公式为

税前工程造价=（分部分项工程费-除税计价材料费-未计价材料费-设备费-除税机械费）+（单价措施项目费-除税计价材料费-未计价材料费-除税机械费）+其他项目费+规费　　（6.18）

式（6.18）中：a. 除税计价材料费=定额基价中的材料费×0.912

b.“除税机械费”见云建标〔2016〕207 号文的附件二（《云南省建设工程施工机械台班除税单价表》）。

② 综合税率的取值。

综合税率的取值见表 6.10。

表 6.10　综合税率表

工程所在地	计税基础	综合税率/%
市　区	税前工程造价	11.36
县城、镇		11.30
不在市区、县城、镇		11.18

（2）税金作为不可竞争性费用，应按规定计取。

6.4　工程量清单计价

6.4.1　工程量清单计价概述

工程量清单计价模式是国际通行的计价模式，我国于 2003 年开始实施工程量清单计价模式，现行的《建设工程工程量清单计价规范》（GB50500—2013）（以下简称《计价规范》）是在 2008 版的基础上，对体系作了较大调整，形成了 1 本《计价规范》，9 本各个专业的《计量规范》的格局。《计价规范》和《计量规范》从 2013 年 7 月 1 日开始正式实施。

1. 工程量清单及工程量清单计价含义

工程量清单是指载明建设工程分部分项工程项目、措施项目、其他项目的名称和相应数量以及规费、税金项目等内容的明细清单。这些明细清单，是按照招标要求和施工图纸要求

将拟建招标工程的全部项目和内容，依据统一的项目编码、统一的项目名称、统一的工程量计算规则、统一的计量单位要求，计算拟建招标工程的工程数量的表格。

工程量清单计价是指国家标准《建设工程工程量清单计价规范》（GB50500）发布以来我国推行的计价模式。是一种在建设工程招标投标中，招标人按照国家现行《清单计价规范》和《计量规范》编制“招标工程量清单”和招标控制价，由投标人依据“招标工程量清单”自主报价的计价方式。

工程量清单计价中各项费用的计算，是根据招标文件以及招标工程量清单，依据建设主管部门颁发的计价定额和计价办法或《企业定额》，施工现场的实际情况及常规的施工方案，工程造价管理机构发布的人工工日单价、机械台班单价、材料和设备价格信息及同期市场价格，先计算出综合单价，再计算分部分项工程费、措施项目费、其他项目费、规费、税金，最后汇总确定建筑安装工程造价。

2. 工程量清单计价适用范围

（1）使用国有资金投资的建设工程发承包，必须采用工程量清单计价。国有投资的资金包括国家融资资金。

① 国有资金投资的工程建设项目包括：a.使用各级财政预算资金的项目；b.使用纳入财政管理的各种政府性专项建设资金的项目；c.使用国有企事业单位自有资金，并且国有资产投资者实际拥有控制权的项目。

② 国家融资资金投资的工程建设项目包括：a.使用国家发行债券所筹资金的项目；b.使用国家对外借款或者担保所筹资金的项目；c.使用国家政策性贷款的项目；d.国家授权投资主体融资的项目；e.国家特许的融资项目。

国有资金为主的工程建设项目是指国有资金占投资总额 50%以上，或虽不足 50%但国有投资者实质上拥有控股权的工程建设项目。

（2）非国有资金投资的建设工程，宜采用工程量清单计价。

（3）不采用工程量清单计价的建设工程，应执行《建设工程工程量清单计价规范》除工程量清单等专门性规定外的其他规定。

（4）工程量清单应采用综合单价计价。

3. 工程量清单计价的内容

工程量清单计价包括按招标文件规定，完成工程量清单所列项目的全部费用。包括分部分项工程费、措施项目费、其他项目费、规费和税金。

工程量清单计价包括编制招标控制价、投标报价、确定与调整合同价款、办理工程结算、竣工决算等。

4. 工程量清单计价的程序

工程量清单计价的程序如图 6.5 所示。

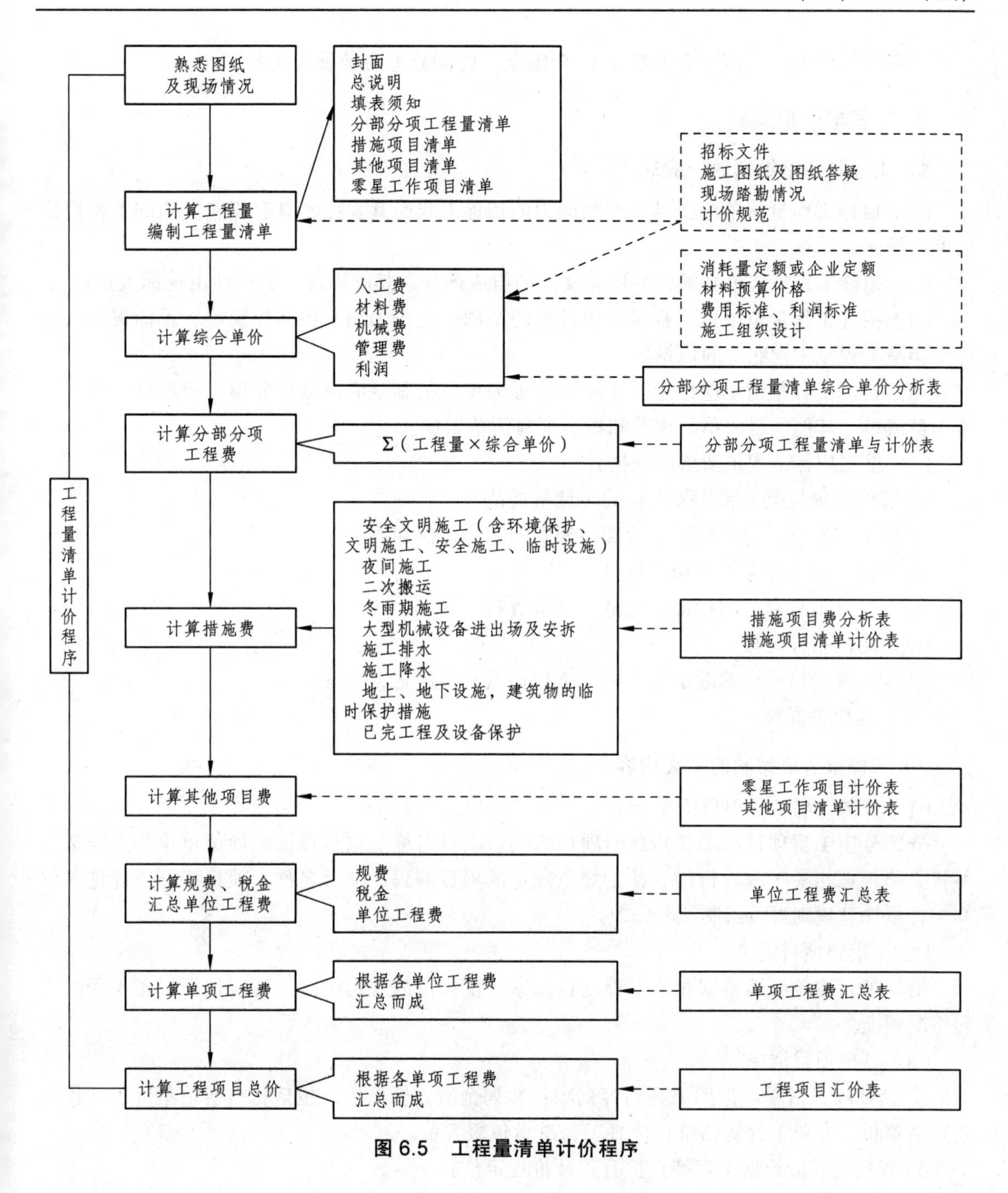

图 6.5　工程量清单计价程序

6.4.2　建设工程工程量清单计价规范

1.《建设工程工程量清单计价规范》的主要内容

《建设工程工程量清单计价规范》(以下简称《计价规范》) 内容包括：总则、术语、一般规定、工程量清单编制、招标控制价、投标报价、合同价款约定、工程计量、合同价款调整、合同价款中期支付、合同解除的价款结算与支付、合同价款争议的解决、工程造价鉴定、工程计价资料与档案、工程计价表格及 11 个附录。此部分主要是条文规定。

2. 工程量清单编制

1）工程量清单编制的一般规定

（1）招标工程量清单应由具有编制能力的招标人或受其委托，具有相应资质的工程造价咨询人编制。

（2）招标工程量清单必须作为招标文件的组成部分，其准确性和完整性由招标人负责。

（3）招标工程量清单是工程量清单计价的基础，应作为编制招标控制价、投标报价、计算或调整工程量、索赔等的依据之一。

（4）招标工程量清单应以单位（项）工程为单位编制，应由分部分项工程项目清单、措施项目清单、其他项目清单、规费和税金项目清单组成。

（5）编制招标工程量清单的依据：

① 清单计价规范》和相关工程的《计量规范》。

② 国家或省级、行业建设主管部门颁发的计价定额和办法。

③ 建设工程设计文件及相关资料。

④ 与建设工程有关的标准、规范、技术资料。

⑤ 拟定的招标文件。

⑥ 施工现场情况、地勘水文资料、工程特点及常规施工方案。

⑦ 其他相关资料。

2）工程量清单编制的主要内容

（1）分部分项工程项目清单。

分部分项工程项目清单必须载明项目编码、项目名称、项目特征、计量单位和工程量，并且必须根据相关工程现行国家计量规范规定的项目编码、项目名称、项目特征、计量单位和工程量计算规则进行编制。

（2） 措施项目清单。

措施项目清单必须根据相关工程现行国家计量规范的规定编制，且应根据拟建工程的实际情况列项。

（3）其他项目清单。

① 其他项目清单应按照下列内容列项：暂列金额；暂估价，包括材料暂估单价、工程设备暂估单价、专业工程暂估价；计日工；总承包服务费。

② 暂列金额应根据工程特点按有关计价规定估算。

③ 暂估价中的材料、工程设备暂估单价应根据工程造价信息或参照市场价格估算，列出明细表；专业工程暂估价应分不同专业，按有关计价规定估算，列出明细表。

④ 计日工应列出项目名称、计量单位和暂估数量。

⑤ 总承包服务费应列出服务项目及其内容等。

⑥ 出现本规范第①条未列的项目，应根据工程实际情况补充。

（4）规费项目清单。

按本教材 6.3 中相关规定列项。

①规费项目清单应按照下列内容列项：

a. 社会保险费：包括养老保险费、失业保险费、医疗保险费、工伤保险费、生育保险费。

b. 住房公积金。

c. 工程排污费。

②出现本规范第①条未列的项目，应根据省级政府或省级有关部门的规定列项。

（5） 税金项目清单。

税金项目清单应包括下列内容：①营业税；②城市维护建设税；③教育费附加；④地方教育附加。

3. 招标控制价

1）一般规定

（1）国有资金投资的建设工程招标，招标人必须编制招标控制价。

（2）招标控制价应由具有编制能力的招标人或受其委托具有相应资质的工程造价咨询人编制和复核。

（3）工程造价咨询人接受招标人委托编制招标控制价，不得再就同一工程接受投标人委托编制投标报价。

（4）招标控制价应按照本规范第（1）条的规定编制，不应上调或下浮。

（5）当招标控制价超过批准的预算时，招标人应将其报原预算审批部门审核。

（6）招标人应在发布招标文件时公布招标控制价，同时应将招标控制价及有关资料报送工程所在地或有该工程管辖权的行业管理部门工程造价管理机构备查。

2）编制与复核

（1）招标控制价应根据下列依据编制与复核：

①《建设工程工程量清单计价规范》（GB 50500—2013）。

②国家或省级、行业建设主管部门颁发的计价定额和计价办法。

③建设工程设计文件及相关资料。

④拟定的招标文件及招标工程量清单。

⑤与建设项目相关的标准、规范、技术资料。

⑥施工现场情况、工程特点及常规施工方案。

⑦工程造价管理机构发布的工程造价信息，当工程造价信息没有发布时，参照市场价。

⑧其他的相关资料。

（2）综合单价中应包括招标文件中划分的应由投标人承担的风险范围及其费用。招标文件中没有明确的，如是工程造价咨询人编制，应提请招标人明确；如是招标人编制，应予明确。

（3）分部分项工程和措施项目中的单价项目，应根据拟定的招标文件和招标工程量清单项目中的特征描述及有关要求确定综合单价计算。

（4）措施项目中的总价项目应根据拟定的招标文件和常规施工方案的规定计价。

（5）其他项目应按下列规定计价：

①暂列金额应按招标工程量清单中列出的金额填写。

②暂估价中的材料、工程设备单价应按招标工程量清单中列出的单价计入综合单价。

③ 暂估价中的专业工程金额应按招标工程量清单中列出的金额填写。

④ 计日工应按招标工程量清单中列出的项目根据工程特点和有关计价依据确定综合单价计算。

⑤ 总承包服务费应根据招标工程量清单列出的内容和要求估算。

（6）规费和税金应按本规范第 3.1.6 条的规定计算。

4. 投标报价

1）一般规定

（1）投标价应由投标人或受其委托具有相应资质的工程造价咨询人编制。

（2）投标人应依据本规范第 6.2.1 条的规定自主确定投标报价。

（3）投标报价不得低于工程成本。

（4）投标人必须按招标工程量清单填报价格。项目编码、项目名称、项目特征、计量单位、工程量必须与招标工程量清单一致。

（5）投标人的投标报价高于招标控制价的应予废标。

2）编制与复核

（1）投标报价应根据下列依据编制和复核：

①《建设工程工程量清单计价规范》（GB 50500—2013）。

② 国家或省级、行业建设主管部门颁发的计价办法。

③ 企业定额，国家或省级、行业建设主管部门颁发的计价定额和计价办法。

④ 招标文件、招标工程量清单及其补充通知、答疑纪要。

⑤ 建设工程设计文件及相关资料。

⑥ 施工现场情况、工程特点及投标时拟定的施工组织设计或施工方案。

⑦ 与建设项目相关的标准、规范等技术资料。

⑧ 市场价格信息或工程造价管理机构发布的工程造价信息。

⑨ 其他的相关资料。

（2）综合单价中应包括招标文件中划分的应由投标人承担的风险范围及其费用，招标文件中没有明确的，应提请招标人明确。

（3）分部分项工程和措施项目中的单价项目，应根据招标文件和招标工程量清单项目中的特征描述确定综合单价计算。

（4）措施项目中的总价项目金额应根据招标文件及投标时拟定的施工组织设计或施工方案，按本规范第 3.1.4 条的规定自主确定。其中安全文明施工费应按照本规范第 3.1.5 条的规定确定。

（5）其他项目应按下列规定报价：

① 暂列金额应按招标工程量清单中列出的金额填写。

② 材料、工程设备暂估价应按招标工程量清单中列出的单价计人综合单价。

③ 专业工程暂估价应按招标工程量清单中列出的金额填写。

④ 计日工应按招标工程量清单中列出的项目和数量，自主确定综合单价并计算计日工金额。

⑤ 总承包服务费应根据招标工程量清单中列出的内容和提出的要求自主确定。

（6）规费和税金应按本规范第3.1.6条的规定确定。

（7）招标工程量清单与计价表中列明的所有需要填写单价和合价的项目，投标人均应填写且只允许有一个报价。未填写单价和合价的项目，可视为此项费用已包含在已标价工程量清单中其他项目的单价和合价之中。当竣工结算时，此项目不得重新组价予以调整。

（8）投标总价应当与分部分项工程费、措施项目费、其他项目费和规费、税金的合计金额一致。

6.4.3 各专业《工程量计算规范》的主要内容

各专业《工程量计算规范》具体指的是：

（1）《房屋建筑与装饰工程工程量计算规范》GB50854—2013

（2）《仿古建筑工程工程量计算规范》GB50855—2013

（3）《通用安装工程工程量计算规范》GB50856—2013

（4）《市政工程工程量计算规范》GB50857—2013

（5）《园林绿化工程工程量计算规范》GB50858—2013

（6）《矿山工程工程量计算规范》GB50859—2013

（7）《构筑物工程工程量计算规范》GB50860—2013

（8）《城市轨道交通工程工程量计算规范》GB50861—2013

（9）《爆破工程工程量计算规范》GB50862—2013

各专业的《计算规范》内容包括：总则、术语、工程计量、工程量清单编制、附录。此部分主要以表格表现。它是清单项目划分的标准、是清单工程量计算的依据、是编制工程量清单时统一项目编码、项目名称、项目特征描述、计量单位、工程量计算规则、工程内容的依据。

以《房屋建筑与装饰工程工程量计算规范》GB50854—2013为例，其主要内容包括：

附录A：土石方工程

附录B：地基处理与边坡支护工程

附录C：桩基工程

附录D：砌筑工程

附录E：混凝土及钢筋混凝土工程

附录F：金属结构工程

附录G：木结构工程

附录H：门窗工程

附录J：屋面及防水工程

附录K：保温、隔热、防腐工程

附录L：楼地面装饰工程

附录M：墙、柱面装饰与隔断、幕墙工程

附录N：天棚工程

附录P：油漆、涂料、裱糊工程

附录 Q：其他装饰工程
附录 R：拆除工程
附录 S：措施项目

6.4.4 工程量清单及计价表格

1. 工程量清单计价文件组成

（1）封面：包括招标工程量清单封面、招标控制价封面、投标总价封面，如表 6.11 ~ 表 6.13 所示。

表 6.11 招标工程量清单封面

________________ 工程
招标工程量清单
招标人：________________ （单位盖章）
造价咨询人：________________ （单位盖章）
年 月 日

表 6.12 招标控制价封面

________________ 工程
招标控制价
招标人：________________ （单位盖章）
造价咨询人：________________ （单位盖章）
年 月 日

表 6.13　投标总价封面

______________________________ 工程

投标总价

投标人：____________________________

（单位盖章）

年　月　日

（2）扉页：包括招标工程量清单扉页、招标控制价扉页、投标总价扉页，如表 6.14 ~ 表 6.16 所示。

表 6.14　招标工程量清单扉页

__________________________ 工程

招 标 工 程 量 清 单

招　标　人：__________　工程造价咨询人或招标代理人：____________

（单位盖章）　（单位资质专用章）

法定代表人或其授权人：__________　法定代表人或其授权人：____________

（签字或盖章）　（签字或盖章）

编　制　人：__________　复　核　人：____________

（造价人员签字盖专用章）　（造价工程师签字盖专用章）

编制时间：　年　月　日　复核时间：　年　月　日

表 6.15　招标控制价扉页

________________________工程

招 标 控 制 价

招标控制价（小写）：________________________

（大写）：________________________

招标人：______________ （单位盖章）	工程造价 咨询人：______________ （单位资质盖章）
法定代表人 或其授权人：______________ （签字或盖章）	法定代表人 或其授权人：______________ （签字或盖章）
编 制 人：______________ （造价人员签字盖专用章）	复 核 人：______________ （造价工程师签字盖专用章）
编制时间：　　年　　月　　日	复核时间：　　年　　月　　日

表 6.16 投标总价扉页

投标总价

招 标 人：______________________________

工程名称：______________________________

投标总价（小写）：______________________________

（大写）：______________________________

投 标 人：______________________________

（单位盖章）

法定代表人

或其授权人：______________________________

（签字或盖章）

编 制 人：______________________________

（造价人员签字盖专用章）

时 间： 年 月 日

（3）总说明，如表 6.17 所示。

表 6.17　总说明

1. 工程概况。 2. 主要技术经济指标。 3. 编制依据。 4. 建筑、设备、安装工程费用计算方法和其他费用计取的说明。 5. 其他有关问题的说明。

（4）建设项目招标控制价/投标报价汇总表：如表 6.18 所示。

表 6.18　建设项目招标控制价/投标报价汇总表

工程名称　　　　第　页共　页

序号	单项工程名称	金额/元	其中：（元）		
			暂估价	安全文明施工费	规费
合　计					

注：本表适用于建设项目招标控制价或投标报价的汇总。

（5）单项工程招标控制价/投标报价汇总表：如表 6.19 所示。

表 6.19　单项工程招标控制价/投标报价汇总表

工程名称　　　　第　页共　页

序号	单位工程名称	金额/元	其中：（元）		
			暂估价	安全文明施工费	规费
合　计					

注：本表适用于单项工程招标控制价或投标报价的汇总。暂估价包括分部分项工程中的暂估价和专业工程暂估价。

（6）单位工程招标控制价/投标报价汇总表：如表 6.20 所示。

表 6.20 单位工程招标控制价/投标报价汇总表

序号	项目名称	计算式	合计金额/万元
1	分部分项工程		
1.1	人工费		
1.2	材料费		
1.3	设备费		
1.4	机械费		
1.5	管理费和利润		
2	措施项目		
2.1	单价措施项目		
2.1.1	人工费		
2.1.2	材料费		
2.1.3	机械费		
2.1.4	管理费+利润		
2.2	总价项目措施费		
2.2.1	安全文明施工费		
2.2.2	其他总价措施项目费		
3	其他项目费		
3.1	暂列金额		
3.2	专业工程暂估价		
3.3	计日工		
3.4	总承包服务费		
4	规费		
5	税金		
招标控制价、投标报价合计=1+2+3+4+5			

注：1. 本表用于单位工程招标控制价或投标报价的汇总，如无单位单位工程划分，单项工程也使用本表汇总。

2. 本表中材料不包括设备费。

（7）分部分项工程/单价措施项目清单与计价表：如表 6.21 所示。

表 6.21 分部分项/单价措施项目清单与计价表

工程名称： 第 页共 页

序号	项目编码	项目名称	项目特征描述	计量单位	工程量	金额/元				
						综合单价	合价	其中		
								人工费	机械费	暂估价
本页小计										
合 计										

注：本表来自云建标〔2013〕918 号文规定

（8）综合单价分析表：如表6.22所示。

表6.22 综合单价分析表

工程名称： 第 页共 页

序号	项目编码	项目名称	计量单位	清单综合单价组成明细												综合单价
				定额编号	定额名称	定额单位	工程量	单价/元				合价/元				
								基价			未计价材料费	人工费	材料费	机械费	管理费和利润	
								人工费	材料费	机械费						
				小计												
				小计												
				小计												

注：本表来自云建标〔2013〕918号文规定。如不使用省级或行业建设主管部门发布的计价依据，可不填定额编号、名称等。

（9）综合单价材料明细表：如表6.23所示。

表6.23 综合单价材料明细表

工程名称： 第 页共 页

序号	项目编码	项目名称	计量单位	工程量	材料组成明细						
					主要材料名称、规格、型号	单位	数量	单价/元	合价/元	暂估价/元	暂估材料合价/元
					其他材料费						
					材料费小计						
					其他材料费						
					材料费小计						

注：本表来自云建标〔2013〕918号文规定。

（10）总价措施项目清单与计价表：如表6.24所示。

表6.24 总价措施项目清单与计价表

工程名称：　　　　　　　　　　　　　　　　　　　　　　　第　页共　页

序号	项目编码	项目名称	计算基础	费率/%	金额/元	调整费率/%	调整后金额/元	备注
合　计								

（11）其他项目清单与计价汇总表：如表6.25所示。

表6.25 其他项目清单与计价汇总表

序号	项目名称	金额/元	结算金额/元	备注
1	暂列金额			详见明细表6.26
2	暂估价			
2.1	材料（工程设备）暂估价			详见明细表6.27
2.2	专业工程在暂估价			详见明细表6.28
3	计日工			详见明细表6.29
4	总承包服务费			详见明细表6.30
5	其他			
5.1	人工费调差			
5.2	机械费调差			
5.3	风险费			
5.4	索赔与现场签证			详见明细表
合　计				

注：1.材料（工程设备）暂估价进入清单项目综合单价，此处不汇总。
2. 人工费调差、机械费调差和风险费在备注栏说明计算方法。

（12）暂列金额明细表：如表6.26所示。

表6.26 暂列金额明细表

工程名称：　　　　　　　　　　标段：　　　　　　　　　　第　页　共　页

序号	项目名称	计量单位	暂定金额/元	备注
1				例：此项目设计图纸有待完善
2				
3				
4				
5				
…				
合　计				

注：此表由招标人填写，如不能详列明细，也可只列暂定金额总额，投标人应将上述暂列金额计入投标总价中。

（13）材料（工程设备）暂估单价及调整表：如表 6.27 所示。

表 6.27　材料（工程设备）暂估单价及调整表

工程名称：　　　　　　　　　　　　　标段：　　　　　　　　　　　　　第　页　共　页

序号	材料（工程设备）名称、规格、型号	计量单位	数量		暂估/元		确认/元		差额±/元		备　注
			暂估	确认	单价	合价	单价	合价	单价	合价	
合　计											

注：此表由招标人填写，并在备注栏说明暂估价的材料拟用在那些清单项目上，投标人应将上述材料暂估单价计入工程量清单综合单价报价中。

（14）专业工程暂估价表及结算价表；如表 6.28 所示。

表 6.28　专业工程暂估价及结算价表

工程名称：　　　　　　　　　　　　　标段：　　　　　　　　　　　　　第　页　共　页

序号	工程名称	工程内容	暂估金额/元	结算金额/元	差额±/元	备注
合　计						

注：此表由招标人填写，投标人应将“暂估金额”计入投标总价中。结算时按合同约定结算金额填写。

（15）计日工表：如表 6.29 所示。

表 6.29　计日工表

工程名称：　　　　　　　　　　　　　标段：　　　　　　　　　　　　　第　页　共　页

编号	项目名称	单位	暂定数量	实际数量	综合单价/元	合价/元	
						暂定	实际
一	人工						
人工小计							
二	材料						
材料小计							

续表

编号	项目名称	单位	暂定数量	实际数量	综合单价/元	合价/元	
						暂定	实际
三	施工机械						
施工机械小计							
四、管理费和利润							
总　计							

注：此表项目名称、暂定数量由招标人填写，编制招标控制价时，单价由招标人在招标文件中确定；投标时，单价由投标人自主报价，按暂定数量计算合价计入投标总价中。结算时，按发承包双方确认的实际数量计算合价。

（16）总承包服务费计价表：如表 6.30 所示。

表 6.30　总承包服务费计价表

工程名称：　　　　　　　　　　标段：　　　　　　　　　　第　页　共　页

序号	项目名称	项目价值/元	服务内容	计算基础	费率/%	金额/元
1	发包人发包专业工程					
2	发包人供应材料					
	合计	—	—		—	

注：此表项目名称、服务内容由招标人填写，编制招标控制价时，费率及金额由招标人按有关计价规定确定；投标时，费率及金额由投标人自主报价，计入投标总价中。

（17）规费、税金项目计价表：如表 6.31 所示。

表 6.31　规费、税金项目计价表

工程名称：　　　　　　　　　　标段：　　　　　　　　　　第　页　共　页

序号	项目名称	计算基础	计算基数	计算费率/%	金额/元
1	规费				
1.1	社会保险费、住房公积金、残疾人保证金				
1.2	危险作业意外伤害险				
1.3	工程排污费				
2	税金				
合　计					

（18）主要材料和工程设备一览表：包括发包人/承包人提供材料和工程设备一览表，如表 6.32 所示。

表 6.32　发包人提供材料和工程设备一览表

工程名称：　　　　　　　　　　　　　　　　　　　　　　　　第　页　共　页

序号	材料（工程设备）名称、规格、型号	单位	数量	单价/元	交货方式	送达地点	备注

注：此表由招标人填写，共投标人在投标报价、确定总承包服务费时参考。

表 6.33　承包人提供材料和工程设备一览表

（适用于造价信息差额调整法）

工程名称：　　　　　　　　　　　　　　　　　　　　　　　　第　页共　页

序号	名称、规格、型号	单位	数量	风险系数/%	基准单价/元	投标单价/元	发承包人确认单价/元	备注

注：1. 此表由招标人填写除“投标单价”栏的内容，投标人在投标时自主确定投标单价。

2. 招标人应优先采用工程造价管理机构发布的单价作为基准单价，为发布的，通过市场调查确定基准单价。

表 6.34　承包人提供材料和工程设备一览表

（适用于价格指数差额调整法）

工程名称：　　　　　　　　　　　　　　　　　　　　　　　　第　页共　页

序号	名称、规格、型号	变值权重 B	基本价格指数 F_0	现行价格指数 F_t	备注

注：1. “名称、规格、型号”“基本价格指数”栏由招标人填写，基本价格指数应首先采用工程造价管理机构发布的价格指数，没有时，可采用发布的价格代替。如人工、机械费也采用本法调整，由招标人在“名称”栏填写。

2. “变值权重”栏由投标人根据该项人工、机械费和材料、工程设备价值在投标总价中所占的比例填写，1 减去其比例为定值权重。

3. “现行价格指数”按约定的付款证书相关周期最后一天的前 42 天的各项价格指数填写，该指数应首先采用工程造价管理机构发布的价格指数，没有时，可采用发布的价格代替。

6.4.5 分部分项工程项目清单与计价表的编制

1. 分部分项工程量清单与计价表

分部分项工程量清单是表示拟建工程分项实体工程项目名称和相应数量的明细清单，包括项目编码、项目名称、项目特征、计量单位和工程量。分部分项工程量清单根据《计算规范》规定的项目编码、项目名称、项目特征、计量单位和工程量计算规则进行编制。

1）项目编码

项目编码是分部分项工程量清单和措施项目清单名称的数字标识。项目编码采用五级编码设置，用12位阿拉伯数字表示。第一、二、三、四级编码全国统一，即1~9位按《计算规范》的规定设置；第五级即第10~12位应根据拟建工程的工程量清单项目名称设置，同一招标工程的项目编码不得有重码。

各级编码及数字的含义是：

（1）第一级即第一、二位数字表示专业工程代码。（01—房屋建筑与装饰工程；02—仿古建筑工程；03—通用安装工程；04—市政工程；05—园林绿化工程；06—矿山工程；07—构筑物工程；08—城市轨道交通工程；09—爆破工程。以后进入国标的专业工程代码以此类推）

（2）第二级即第三、四位数字表示附录分类顺序码。如房屋建筑与装饰工程中01—附录A土石方工程；02—附录B地基处理与边坡支护工程；03—附录C 桩基工程等等。

（3）第三级即第五、六位数字表示分部工程顺序码。如01—土方工程；02—石方工程；03—回填等等。

（4）第四级即第七、八、九位数字表示分项工程名称顺序码。如001—平整场地；002—挖一般土方；003—挖沟槽土方等等。

（5）第五级即第十、十一、十二位数字表示工程量清单项目名称顺序码。由工程量清单编制人编制，从001开始。

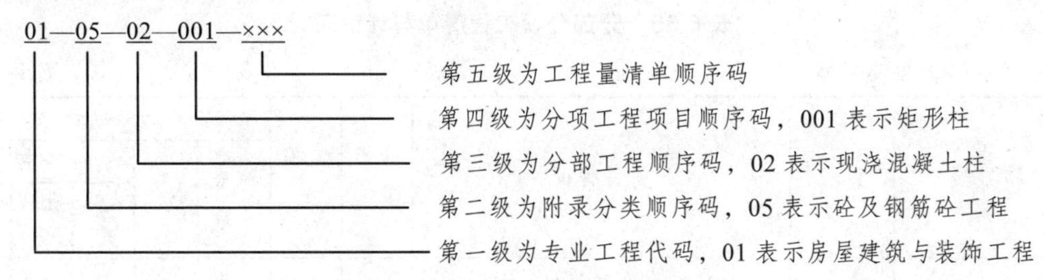

图6.6 工程量清单项目编码结构

当同一标段（或合同段）的一份工程量清单中含有多个单位工程且工程量清单是以单位工程为编制对象时，在编制工程量清单时应特别注意对项目编码十至十二位的设置不得有重码的规定。例如一个标段（或合同段）的工程量清单中含有三个单位工程，每一单位工程中都有项目特征相同的实心砖墙砌体，在工程量清单中又需反映三个不同单位工程的实心砖墙砌体工程量时，则第一个单位工程的实心砖墙的项目编码应为010401003001，第二个单位工程的实心砖墙的项目编码应为010401003002，第三个单位工程的实心砖墙的项目编码应为010401003003，并分别列出各单位工程实心砖墙的工程量。

2）项目名称

分部分项工程量清单的项目名称应按《计算规范》的项目名称结合拟建工程的实际确定。

在实际编制工程量清单时，当出现《计算规范》附录中未包括的清单项目，编制人应作补充。补充的项目编码由专业工程代码与 B 和 3 位阿拉伯数字组成（如房屋建筑与装饰工程需补充项目，则补充项目从 01B001 开始编码），并附上其项目名称、项目特征、计量单位、工程量计算规则和工作内容。补充项目需要报省级或行业工程造价管理机构备案。

3）项目特征

工程量清单的项目特征是确定一个清单项目综合单价不可缺少的重要依据，在编制工程量清单时，必须对项目特征进行准确和全面的描述。但有些项目特征用文字往往又难以准确和全面的描述清楚。因此，为达到规范、简捷、准确、全面描述项目特征的要求，在描述工程量清单项目特征时应按以下原则进行。

（1）项目特征描述的内容应按附录中的规定，结合拟建工程的实际，能满足确定综合单价的需要。

（2）若采用标准图集或施工图纸能够全部或部分满足项目特征描述的要求，项目特征描述可直接采用详见××图集或××图号的方式。对不能满足项目特征描述要求的部分，仍应用文字描述。

4）计量单位

分部分项工程量清单的计量单位应按《计算规范》中规定的计量单位确定。

5）工程量

分部分项工程量清单中所列工程量应按《计算规范》中规定的工程量计算规则计算。

作为招标方所编制的分部分项工程量清单与计价表的编制如表 6.35 所示，表中“金额”部分由投标方进行报价和填写。

表 6.35　分部分项工程清单与计价表

工程名称：××单位实训楼　　　　　　　　　　　　　　　　　　　　第　页共　页

序号	项目编码	项目名称	项目特征	计量单位	工程量	金额/元				
						综合单价	合价	其中		
								人工费	机械费	暂估价
1	010502001001	矩形柱	1.混凝土强度等级：C30 2.柱截面尺寸：断面周长 1.8 m 以外 3.混凝土拌合料要求：商品砼	m^3	27					
2	010502002001	构造柱	1.混凝土强度等级：C20 2.混凝土拌合料要求：商品砼	m^3	22.08					
3	010503001001	基础梁	1.混凝土强度等级：C30 2.混凝土拌合料要求：商品砼	m^3	21.86					
			……							
		本页小计								

2. 综合单价分析表的编制

1）综合单价的概念

综合单价是指完成一个规定清单项目所需的人工费、材料和工程设备费、施工机具使用费和企业管理费、利润以及一定范围内的风险费用。分部分项工程费由清单分项工程数量乘以综合单价汇总而成，所以综合单价是计算分部分项工程费的基础。计算公式为

$$\text{分部分项工程费} = \sum(\text{分部分项清单工程量} \times \text{综合单价}) \qquad (6.18)$$

其中，分部分项工程清单工程量应根据现行各专业的《计算规范》中的工程量计算规则和设计施工图、各类标配图进行计算。

2）综合单价的组成及计算

综合单价包括人工费、材料和工程设备费、施工机具使用费和企业管理费、利润，其每项费用的计算方法同本章6.3节。

$$\text{分部分项工程量清单项目综合单价} = \frac{\sum(\text{清单项目所含分项工程量} \times \text{分项工程综合单价})}{\text{清单项目工程量}} \qquad (6.19)$$

3）综合单价分析表编制实例

【例 6.2】某工程招标文件中的"分部分项工程量清单"如表所示，试根据题目所给出的《云南省房屋建筑与装饰工程消耗量定额》中的人工、材料、机械单价，以及《云南省建设工程造价计价规则》，编制分部分项工程量清单的综合单价，计算结果填入相应的表格中。（已知C10混凝土单价为200元/m^3，现浇C20混凝土单价为180元/m^3）

表 6.36 分部分项工程量清单

序号	项目编码	项目名称	项目特征	计量单位	工程数量
1	010501001001	垫层	1. 混凝土种类：现浇混凝土 2. 混凝土强度等级：C10 3. 部位：基础垫层	m^3	10
2	010501002001	钢筋混凝土带形基础	1. 混凝土种类：现浇混凝土 2. 混凝土强度等级：C20 3. 有梁式带形基础	m^3	100

【解】(1)查《云南省房屋建筑与装饰工程消耗量定额》相关子目，其定额消耗量及人工、材料、机械单价如表6.37所示。

表 6.37 定额项目表　　单位：10 m^3

定额编号		01050001	01050003
项目		混凝土基础垫层	钢筋混凝土带形基础
基价/元		992.15	913.26
其中	人工费/元	782.53	693.74
	材料费/元	29.54	47.80
	机械费/元	180.08	171.72

续表

名称		单位	单价	数量	
材料	现浇混凝土 C10	m^3	—	（10.15）	
	现浇混凝土 C20	m^3	—		（10.15）
	草席	m^2	4.4	1.1	1.1
	水	m^3	5.6	5.0	8.260
机械	强制式混凝土搅拌机（电动）出料容量 500 L	台班	192.49	0.859	0.327
	混凝土振捣器 平板式	台班	18.65	0.790	—
	混凝土振捣器 插入式	台班	15.47	—	0.770
	机动翻斗车 装载质量 1 t	台班	150.17	—	0.645

（2）综合单价分析表如表 6.38 所示。

表 6.38　综合单价分析表

序号	项目编码	项目名称	计量单位	清单综合单价组成明细											
				定额编号	定额名称	定额单位	工程量	单价/元				合价/元			综合单价
								基价/元			未计价材料费	人工费	材料费+未计价材料费	机械费	管理费+利润
								人工费	材料费	机械费					
	010501001001	垫层	m^3	01050001	现浇 C10 混凝土基础垫层	10 m^3	0.1 ①	782.53	29.54	180.08	2 030.00 ③	78.25	205.95	18.01	42.24	344.45
1	010501002001	钢筋混凝土带形基础	m^3	01050003	现浇 C20 混凝土带形基础	10 m^3	0.10 ②	693.74	47.80	171.72	1 827.00 ④	69.37	187.48	17.17	37.49	311.51

注：（1）表中的“工程量”是“定额工程量/清单工程量/定额计量单位”得到的相对量，以下综合单价分析表均同。如：① 基础垫层的工程量=10/10/10=0.1；② 带形基础的工程量=100/100/10=0.1。

（2）表中未计价材料费：③ 现浇 C10 混凝土基础垫层未计价材料费 = C10 混凝土单价× C10 混凝土定额用量= 200（元/ m^3）× 10.15（m^3/10 m^3）=2 030（元/10 m^3）；④ 现浇 C20 混凝土带形基础未计价材料费 = C20 混凝土单价× C20 混凝土定额用量 = 180（元/ m^3）×10.15（m^3/10 m^3）=1 827（元/10 m^3）。

（3）按云南省现行定额计价规则：管理费率取定为 33%，利润率取定为 20%。

3. 分部分项工程量清单与计价表编制

分部分项工程量清单与计价表的编制如表 6.39 所示。

表 6.39 分部分项工程清单与计价表

工程名称：××单位实训楼　　　　　　　　　　　　　　　　　　　　第　页共　页

序号	项目编码	项目名称	项目特征	计量单位	工程量	金额/元				
						综合单价	合价	其中		
								人工费	机械费	暂估价
1	010502001001	矩形柱	1.混凝土强度等级：C30 2.柱截面尺寸：断面周长 1.8 m 以外 3.混凝土拌合料要求：商品砼	m^3	27	457.16	12 343.32	1 390.23	52.11	
2	010502002001	构造柱	1.混凝土强度等级：C20 2.混凝土拌合料要求：商品砼	m^3	22.08	452.78	9 997.38	1 732.18	42.61	
3	010503001001	基础梁	1.混凝土强度等级：C30 2.混凝土拌合料要求：商品砼	m^3	21.86	441.84	9 658.62	879.65	42.19	
			……							
		本页小计								

【例 6.3】在例 6.2 计算的基础上，完成其“分部分项工程费”的计算。结果在“分部分项工程清单与计价表”上完成。

【解】分部分项工程费的计算，结果见表 6.40。

表 6.40 分部分项工程清单与计价表

序号	项目编码	项目名称	项目特征描述	计量单位	工程量	金额/元				
						综合单价	合价	其中		
								人工费	机械费	暂估价
1	010501001001	垫层	1. 混凝土种类：现浇混凝土 2. 混凝土强度等级：C10 3. 部位：基础垫层，厚 100 mm	m^3	10	344.45	3 444.50	782.50	180.10	
2	010501002001	钢筋混凝土带形基础	1. 混凝土种类：现浇混凝土 2. 混凝土强度等级：C20 3. 有梁式带形基础	m^3	100	311.51	31 151	6937	1717	
			……							
本页小计							34 595.5	7 719.5	1 897.1	
合　计							34 595.5	7 719.5	1 897.1	

4. 分部分项工程计价示例

【例 6.4】某施工单位根据招标文件提供的“工程量清单”和施工图纸计算出的挖基础土方对应的定额项目的工程量如表 6.41 所示，试编制该分项工程的工程量清单综合单价，并计算出“分部分项工程费”，填入相应的表格中。

表 6.41　某项目分部分项工程量清单与定额工程量

清单项目				对应的定额项目		
项次	项目编码	项目名称	工程量/m^3	项次	名称	工程量/m^3
1	010101004001	挖基坑土方	2 863.08	1	人工挖基坑（三类土，深 2 m 以内）	6 281.6
				2	人力运土方（运距 20 m 以内）	3 210
				3	装载机装/自卸汽车运土（运距 1 km 以内）	1 234

【解】（1）查《云南省房屋建筑与装饰工程消耗量定额》相关子目，其定额消耗量及人工、材料、机械单价如表 6.42 所示。

表 6.42　定额项目表

定额编号				01010004	01010031	01010104
项目				人工挖沟槽、基坑（三类土，深 2 m 以内）（100 m^3）	人工挑运土方（运距 20 m 以内）（100 m^3）	装载机装/自卸汽车运土（运距 1 km 以内）（1 000 m^3）
基价/元				3 076.40	1 172.84	13 218.52
其中	人工费/元			3 076.40	1 172.84	766.56
	材料费/元			—	—	67.20
	机械费/元			—	—	12 384.76
名称		单位	单价	数量		
材料	工程用水	m^3	5.6	—	—	12
机械	履带式推土机 75 kW	台班	849.82	—	—	2.235
	洒水车 罐容量 4 000 L	台班	490.78	—	—	0.600
	自卸汽车（综合一）	台班	637.12	—	—	12.960
	轮胎式装载机（综合一）	台班	666.85	—	—	2.900

（2）综合单价分析表如表 6.43 所示。

（3）分部分项工程费的计算（在分部分项工程清单与计价表上完成）。

计算结果见表 6.44。

表 6.43 综合单价分析表

序号	项目编码	项目名称	计量单位	清单综合单价组成明细												
				定额编号	定额名称	定额单位	工程量	单价/元				合价/元				综合单价
								基价/元			未计价材料费	人工费	材料费+未计价材料费	机械费	管理费+利润	
								人工费	材料费	机械费						
1	010101004001	挖基坑土方	m^3	01010004	人工挖基坑（三类土，深2 m以内）	100 m^3	0.0219 ①	3 076.40				67.50			35.77	129.49
				01010031	人力运土方（运距20 m以内）	100 m^3	0.0112 ②	1 172.84				13.15			6.97	
				01010104	装载机装/自卸汽车运土（运距1 km以内）	1 000 m^3	0.000431 ③	766.56	67.20	12 384.76		0.33	0.03	5.34	0.40	
				合计								80.98	0.03	5.34	43.14	

注：表中①人工挖基坑的工程量=6 281.6/2 863.08/100=0.021 9；②人力运土方的工程量=3 210/ 2 863.08/100=0.011 2；③装载机装/自卸汽车运土的工程量=1 234/2 863.08/1 000=0.000 431。

表 6.44 分部分项工程清单与计价表

序号	项目编码	项目名称	项目特征描述	计量单位	工程量	金额/元				
						综合单价	合价	其中		
								人工费	机械费	暂估价
1	010101004001	挖基坑土方	1. 人工挖基坑（三类土，深2 m以内）； 2. 人力运土方（运距20 m以内）； 3. 装载机装/自卸汽车运土（运距1 km以内）	m^3	2 863.08	129.49	370 740.23	231 852.22	15 288.85	
本页小计							370 740.23	231 852.22	15 288.85	
合 计							370 740.23	231 852.22	15 288.85	

【例 6.5】某施工单位根据招标文件提供的“工程量清单”和施工图纸计算出的某项目分部分项工程对应的定额项目的工程量如表 6.45 所示，试编制该分部分项工程的工程量清单综合单价，并计算出“分部分项工程费”，填入相应的表格中。

表 6.45　某项目分部分项工程量清单与定额工程量

<table>
<tr><th colspan="5">清单项目</th><th colspan="3">对应的定额项目</th></tr>
<tr><th>项次</th><th>项目编码</th><th>项目名称</th><th>项目特征</th><th>工程量</th><th>项次</th><th>名称</th><th>工程量</th></tr>
<tr><td>1</td><td>010501001001</td><td>垫层</td><td>1.混凝土种类：现浇混凝土
2.混凝土强度等级：C10
3.地坪垫层，厚 60mm</td><td>9.08 m³</td><td>1</td><td>现浇 C10 混凝土地坪垫层</td><td>9.08 m³</td></tr>
<tr><td rowspan="2">2</td><td rowspan="2">011101001001</td><td rowspan="2">水泥砂浆楼地面</td><td rowspan="2">1.找平层厚度、砂浆配合比：30 厚 1∶3 水泥砂浆找平
2.面层厚度、砂浆配合比：25 厚 1∶2 水泥砂浆面层</td><td rowspan="2">151.38 m²</td><td>1</td><td>30 厚 1∶3 水泥砂浆找平</td><td>151.38 m²</td></tr>
<tr><td>2</td><td>25 厚 1∶2 水泥砂浆面层</td><td>151.38 m²</td></tr>
</table>

【解】（1）查《云南省房屋建筑与装饰工程消耗量定额》相关子目。

（2）综合单价分析表如表 6.46 所示。

（3）分部分项工程费结果如表 6.47 所示。

表 6.46　综合单价分析表

<table>
<tr><th rowspan="4">序号</th><th rowspan="4">项目编码</th><th rowspan="4">项目名称</th><th rowspan="4">计量单位</th><th colspan="13">清单综合单价组成明细</th></tr>
<tr><th rowspan="3">定额编号</th><th rowspan="3">定额名称</th><th rowspan="3">定额单位</th><th rowspan="3">工程量</th><th colspan="4">单价/元</th><th colspan="4">合价/元</th><th rowspan="3">综合单价</th></tr>
<tr><th colspan="3">基价</th><th rowspan="2">未计价材料费</th><th rowspan="2">人工费</th><th rowspan="2">材料费+未计价材料费</th><th rowspan="2">机械费</th><th rowspan="2">管理费和利润</th></tr>
<tr><th>人工费</th><th>材料费</th><th>机械费</th></tr>
<tr><td>1</td><td>010501001001</td><td>垫层</td><td>m³</td><td>01090012</td><td>现浇 C10 混凝土地坪垫层</td><td>10 m³</td><td>0.1</td><td>782.53</td><td>28</td><td>99.94</td><td>2 396.53</td><td>78.25</td><td>242.45</td><td>9.99</td><td>41.90</td><td>372.60</td></tr>
<tr><td rowspan="4">2</td><td rowspan="4">011101001001</td><td rowspan="4">水泥砂浆楼地面</td><td rowspan="4">m²</td><td>（01090025）+（01090020）</td><td>1∶2 水泥砂浆面层 25 mm 厚</td><td>100 m²</td><td>0.01</td><td>838.74</td><td>92.49</td><td>29.12</td><td>872.75</td><td>8.39</td><td>9.65</td><td>0.29</td><td>4.46</td><td rowspan="4">43.12</td></tr>
<tr><td>01090019</td><td>找平层 1∶3 水泥砂浆硬基层上 20 mm</td><td>100 m²</td><td>0.01</td><td>501.46</td><td>39.13</td><td>29.29</td><td>590.12</td><td>5.01</td><td>6.29</td><td>0.29</td><td>2.67</td></tr>
<tr><td>（01090020）×2</td><td>找平层 1∶3 水泥砂浆增 10 mm</td><td>100 m²</td><td>0.01</td><td>191.64</td><td></td><td>14.78</td><td>297.98</td><td>1.92</td><td>2.98</td><td>0.15</td><td>1.02</td></tr>
<tr><td colspan="8">合　计</td><td>15.32</td><td>18.92</td><td>0.73</td><td>8.15</td></tr>
</table>

表 6.47 分部分项工程清单与计价表

<table>
<tr><th rowspan="3">序号</th><th rowspan="3">项目编码</th><th rowspan="3">项目名称</th><th rowspan="3">项目特征</th><th rowspan="3">计量单位</th><th rowspan="3">工程量</th><th colspan="5">金额/元</th></tr>
<tr><th rowspan="2">综合单价</th><th rowspan="2">合价</th><th colspan="3">其中</th></tr>
<tr><th>人工费</th><th>机械费</th><th>暂估价</th></tr>
<tr><td>1</td><td>010501001001</td><td>垫层</td><td>1.混凝土种类：现浇混凝土
2.混凝土强度等级：C10
3.地坪垫层，厚 60 mm</td><td>m^3</td><td>9.08</td><td>372.59</td><td>3 383.12</td><td>710.51</td><td>90.71</td><td></td></tr>
<tr><td>2</td><td>011101001001</td><td>水泥砂浆楼地面</td><td>1.找平层厚度、砂浆配合比：30 厚 1∶3 水泥砂浆找平
2.面层厚度、砂浆配合比：25 厚 1∶2 水泥砂浆面层</td><td>m^2</td><td>151.38</td><td>43.13</td><td>6 529.02</td><td>2 319.14</td><td>110.51</td><td></td></tr>
<tr><td colspan="7">合　计</td><td>9 912.14</td><td>3 029.65</td><td>201.22</td><td></td></tr>
</table>

【例 6.6】某施工单位根据招标文件提供的“工程量清单”和施工图纸计算出对应的定额项目的工程量如表 6.48 所示，试根据题目所给出的《云南省房屋建筑与装饰工程消耗量定额》中的人工、材料、机械单价，以及《云南省建设工程造价计价规则》，编制分部分项工程量清单的综合单价，并计算出“分部分项工程费”，填入相应的表格中。

已知当地当时的材料价格信息为：水泥 P.S32.5：390 元/t；水泥 P.S42.5：420 元/t；细砂：90 元/ m^3；红砖：400 元/千块；陶瓷地砖 800×800：150 元/m^2；其余材料单价：同定额单价。

人工工日单价：同定额单价；机械台班单价：同定额单价。

表 6.48 某项目分部分项工程量清单与定额工程量

<table>
<tr><th rowspan="2">序号</th><th rowspan="2">项目编码</th><th rowspan="2">项目名称</th><th rowspan="2">项目特征</th><th rowspan="2">单位</th><th colspan="2">工程量</th></tr>
<tr><th>清单量</th><th>定额量</th></tr>
<tr><td rowspan="3">1</td><td rowspan="3">010401001001</td><td rowspan="3">砖基础</td><td>1. 直形砖基础
2. 标准砖规格 240×115×53
3. M7.5 水泥砂浆</td><td>m^3</td><td rowspan="3">128.88</td><td>126.3</td></tr>
<tr><td>4. 1∶2 水泥砂浆防潮层（平面）</td><td>m^2</td><td>140.3</td></tr>
<tr><td>5. 1∶2 水泥砂浆防潮层（立面）</td><td>m^2</td><td>936.6</td></tr>
<tr><td rowspan="2">2</td><td rowspan="2">011102003001</td><td rowspan="2">块料楼地面</td><td>1. 陶瓷地砖块料楼地面
2. 块料规格 800×800
3. 1∶2.5 水泥砂浆铺贴</td><td>m^2</td><td rowspan="2">228.88</td><td>228.88</td></tr>
<tr><td>4. 1∶2.5 水泥砂浆找平层，厚 20 mm</td><td>m^2</td><td>228.88</td></tr>
</table>

【解】(1) 根据题目提供资料可知，所涉及的半成品材料还需重新组价。根据《云南省房屋建筑与装饰工程消耗量定额》中砂浆配合比附表，及当地当时的原材料价格信息重新组价，半成品材料新单价如表 6.49 所示。

(2) 查《云南省房屋建筑与装饰工程消耗量定额》相关子目，其定额人工、材料、机械台班消耗量如表 6.50 所示。

表 6.49 半成品材料组价表

定额编号			246		279		280	
项目			M7.5 水泥砂浆（m^3）		1：2 水泥砂浆（m^3）		1：2.5 水泥砂浆（m^3）	
材料费/元			217.18		321.48		287.85	
材料名称	单位	单价	数量	基价	数量	基价	数量	基价
P.S32.5 水泥	t	390	0.268	104.52	0.571	222.69	0.467	182.13
细砂	m^3	90	1.23	110.7	1.079	97.11	1.156	104.04
水	m^3	5.6	0.35	1.96	0.3	1.68	0.3	1.68

表 6.50 定额项目表

单位：10 m^3

定额编号				01040001	01040002	01040003
项目名称				砖基础	单面清水墙	
					1/2 砖	3/4 砖
基价/元				820.00	1 325.12	1 305.84
其中	人工费/元			778.06	1 288.46	1 266.74
	材料费/元			5.88	6.33	6.16
	机械费/元			36.06	30.33	32.94
名称		单位	单价/元	数量		
材料	标准砖 240×115×53/mm	千块	—	（5.240）	（5.541）	（5.410）
	砌筑混合砂浆 M5.0	m³	—	—	—	（2.276）
	砌筑水泥砂浆 M5.0	m³	—	（2.490）	（2.096）	—
	水	m³	5.60	1.050	1.130	1.100
机械	灰浆搅拌机 200 L	台班	86.90	0.415	0.349	0.379
定额编号				01080120	01080121	01080122
项目名称				防水砂浆		
				平面 20 mm	立面 20 mm	每增减 10 mm
基价/元				670.42	973.99	264.56
其中	人工费/元			588.97	891.76	223.58
	材料费/元			51.90	52.42	26.21
	机械费/元			29.55	29.81	14.77
名称		单位	单价/元	数量		
材料	抹灰水泥砂浆 1：2	m³	—	（2.200）	（2.200）	（1.110）
	防水粉	kg	0.90	57.671	58.242	29.121
机械	灰浆搅拌机 200 L	台班	86.90	0.340	0.343	0.170

续表

定额编号				01090018	01090019	01090020
项目名称				水泥砂浆		
				填充料上	硬基层上	每增减 5 mm
				20 mm		
基价/元				495.49	569.88	103.21
其中	人工费/元			455.46	501.46	95.82
	材料费/元			3.36	39.13	—
	机械费/元			36.67	29.29	7.39
名称		单位	单价/元	数量		
材料	水泥砂浆 1∶2.5	m³	—	(2.530)	(2.020)	(0.510)
	素水泥浆	m³	357.66	—	0.100	—
	水	m³	5.60	0.600	0.600	—
机械	灰浆搅拌机 200 L	台班	86.90	0.422	0.337	0.085

定额编号				01090107	01090108	01090109	01090110
项目名称				楼地面			
				周长在/mm			
				2 000 以内	2 400 以内	3 200 以内	3 200 以外
基价/元				1 780.08	1 942.33	2 013.88	3 040.89
其中	人工费/元			1 620.64	1 782.89	1 854.44	2 880.99
	材料费/元			77.56	77.56	77.56	78.02
	机械费/元			81.88	81.88	81.88	81.88
名称		单位	单价/元	数量			
材料	陶瓷地面砖 500×500	m^2	—	(102.500)	—	—	—
	陶瓷地面砖 600×600	m^2	—	—	(102.500)	—	—
	陶瓷地面砖 800×800	m^2	—	—	—	(102.500)	—
	陶瓷地面砖 1 000×1 000	m^2	—	—	—	—	(104.000)
	水泥砂浆 1∶2.5	m³	—	(2.020)	(2.020)	(2.020)	(2.020)
	素水泥浆	m³	357.66	0.100	0.100	0.100	0.100
	白水泥	kg	0.50	10.300	10.300	10.300	10.300
	石材切割锯片	片	23.00	0.300	0.300	0.300	0.320
	棉纱头	kg	10.60	1.000	1.000	1.000	1.000
	锯木屑	m³	7.64	0.600	0.600	0.600	0.600
	水	m³	5.60	2.600	2.600	2.600	2.600
机械	灰浆搅拌机 200 L	台班	86.90	0.340	0.340	0.340	0.340
	石料切割机	台班	34.66	1.510	1.510	1.510	1.510

（3）综合单价分析表计算结果如表 6.51 所示。

（4）分部分项工程费计算结果如表 6.52 所示。

表 6.51　综合单价分析表

序号	项目编码	项目名称	计量单位	清单综合单价组成明细													
				定额编号	定额名称	定额单位	工程量	单价/元				合价/元				综合单价
								基价			未计价材料费	人工费	材料费+未计价材料费	机械费	管理费和利润	
								人工费	材料费	机械费						
1	010401001001	砖基础	m^3	01040001	M7.5 水泥砂浆砌砖基础	10 m^3	0.098 0	778.06	5.88	36.06	2 636.778 2	76.25	258.98	3.53	40.56	554.81
				01080120	1：2 水泥砂浆防潮层 20 mm（平面）	100 m^2	0.010 9	588.97	51.90	29.55	707.26	6.41	8.26	0.32	3.41	
				01090128	1：2 水泥砂浆防潮层 20 mm（立面）	100 m^2	0.072 7	891.76	52.42	29.81	713.69	64.81	55.67	2.17	34.44	
				合计								147.47	322.91	6.02	78.41	
2	011102003001	块料楼地面	m^2	01090019	1：2.5 水泥砂浆找平层，厚 20 mm	100 m^2	0.010	501.46	39.13	29.29	581.46	5.01	6.21	0.29	2.67	200.74
				01090020	1：2.5 水泥砂浆找平层，减少 5 mm	100 m^2	−0.010	95.82	—	7.39	146.80	−0.96	−1.47	−0.07	−0.51	
				01090109	1：2.5 水泥砂浆铺贴 800×800 陶瓷地砖块料地面	100 m^2	0.010	1854.44	77.56	81.88	15956.46	18.54	160.34	0.82	9.86	
				合　计								22.60	165.08	1.04	12.02	

表 6.52　分部分项工程清单与计价表

序号	项目编码	项目名称	项目特征	计量单位	工程量	金额/元				
						综合单价	合价	其中		
								人工费	机械费	暂估价
1	010401001001	砖基础	1. 直形砖基础 2. 标准砖规格 240×115×53 3. M7.5 水泥砂浆 4. 1：2 水泥砂浆防潮层 20 mm（平面） 5. 1：2 水泥砂浆防潮层 20 mm（立面）	m^3	128.88	554.81	71 503.91	147.47	6.02	
2	011102003001	块料楼地面	1. 陶瓷地砖块料楼地面 2. 块料规格 800×800 3. 1：2.5 水泥砂浆铺贴 4. 1：2.5 水泥砂浆找平层，厚 20 mm	m^2	228.88	200.74	45 945.37	22.6	1.04	
	合计						117 449.28	170.07	7.06	

6.4.6 措施项目清单与计价表的编制

1. 单价措施项目清单与计价表的编制

单价措施项目清单与计价表的编制方法同分部分项工程清单与计价表的编制。

【例 6.7】某工程招标文件中的“单价措施项目清单”如表 6.53 所示，试根据题目所给出的《云南省房屋建筑与装饰工程消耗量定额》中的人工、材料、机械单价，以及《云南省建设工程造价计价规则》，编制单价措施项目清单的综合单价，计算结果填入相应的表格中。

表 6.53 单价措施项目清单

序号	项目编码	项目名称	项目特征	计量单位	清单工程量	定额工程量
1	011701002001	外脚手架	1.搭设高度：12.8 m； 2.脚手架材质：木制	m^2	6 000	6 000
2	011701003001	里脚手架	1.搭设高度：3.0 m； 2.脚手架材质：木制	m^2	4 500	4 500

【解】（1）查《云南省房屋建筑与装饰工程消耗量定额》相关子目，其定额消耗量及人工、材料、机械单价如表 6.54 所示。

表 6.54 措施定额项目表 单位：100 m^3

定额编号				01150156	01150160
项 目				木架（外脚手架）（15 m 内/双排）	木架（里脚手架）
基价/元				2 612.09	484.98
其中	人工费/元			523.18	247.22
	材料费/元			1 935.63	186.67
	机械费/元			153.28	51.09
名称		单位	单价	数 量	
材料	镀锌铁丝 8#	m^3	—	113.660	3.900
	木脚手板	m^3	—	0.119	0.050
	木脚手杠 $\phi 8 \sim 10$	m^2	4.4	0.596	0.040
	其他材料费	m^3	5.6	3.700	3.850
机械	载重汽车 装载质量 6t	台班	425.77	0.36	0.12

（2）综合单价分析表如表 6.55 所示。

（3）单价措施项目清单与计价表如表 6.56 所示。

2. 总价措施项目清单与计价表的编制

总价措施项目清单与计价表的编制如表 6.57 所示。

表 6.55　综合单价分析表

序号	项目编码	项目名称	计量单位	清单综合单价组成明细													综合单价
				定额编号	定额名称	定额单位	工程量	单价/元				合价/元					
								基价/元			未计价材料费	人工费	材料费+未计价材料费	机械费	管理费+利润		
								人工费	材料费	机械费							
1	011701002001	外脚手架	m^2	01150156	木制外脚手架（15 m 内/双排）	100 m^2 ①	0.01	523.18	1 935.63	153.28	—	5.23	19.36	1.53	2.84		28.96
2	011701003001	里脚手架	m^2	01150160	木制里脚手架	100 m^2 ②	0.01	247.22	186.67	51.09	—	2.47	1.87	0.51	1.33		6.18

注：（1）表中①外脚手架的工程量=6 000/6 000/100=0.01。
（2）表中②里脚手架的工程量=4 500/4 500/100=0.01。

表 6.56　单价措施项目清单与计价表

工程名称：　　　　　　　　　　　　　　　　　　　　第　页 共　页

序号	项目编码	项目名称	项目特征描述	计量单位	工程量	金额/元				
						综合单价	合价	其中		
								人工费	机械费	暂估价
1	011701002001	外脚手架	1.搭设高度：12.8 m；2.脚手架材质：木制	m^2	6 000	28.96	173 760	31 380	9 180	
2	011701003001	里脚手架	1.搭设高度：3.0 m；2.脚手架材质：木制	m^2	4 500	6.18	27 810	11 115	2 295	
本页小计							201 570	42 495	11 475	
合　计							201 570	42 495	11 475	

表 6.57 总价措施项目清单与计价表

工程名称：×××工程　　　　第 1 页 共 1 页

序号	项目编码	项目名称	计算基础	费率/%	金额/元	调整费率/%	调整后金额/元	备注
1	011707001001	安全文明施工费（建筑）			30 780.94			
2	1.1	环境保护费、安全施工费、文明施工费（建筑）	建筑定额人工费+建筑定额机械费×8%	10.17	20 002.69			
3	1.2	临时设施费（建筑）	建筑定额人工费+建筑定额机械费×8%	5.48	10 778.25			
4	011707001002	安全文明施工费（独立土石方）						
5	2.1	环境保护费、安全施工费、文明施工费（独立土石方）	独立土石方定额人工费+独立土石方定额机械费×8%	1.6				
6	2.2	临时设施费（独立土石方）	独立土石方定额人工费+独立土石方定额机械费×8%	0.4				
7	011707002001	夜间施工增加费						
8	011707004001	二次搬运费						
9	011707005001	冬、雨季施工增加费，生产工具用具使用费，工程定位复测，工程点交、场地清理费	分部分项定额人工费+分部分项定额机械费×8%	5.95	11 702.66			
10	011707007001	已完工程及设备保护费						
11	031301009001	特殊地区施工增加费	分部分项定额人工费+分部分项定额机械费	0				2 500 米＜海拔≤3 000 米的地区，费率为 8；3 000 米＜海拔≤3 500 米的地区，费率为 15；海拔＞3 500 米的地区，费率为 20
合　计					42 483.6			

6.4.7 其他项目清单与计价表编制

其他项目费主要包括暂列金额、暂估价、计日工以及总承包服务费组成，其他项目清单与计价表的编制如表 6.58 所示。

表 6.58 其他项目清单与计价汇总表

工程名称：×××工程　　　　第 1 页 共 1 页

序号	项目名称	金额/元	结算金额/元	备注
1	暂列金额	100 000		详见明细表 6.51
2	暂估价	150 000		
2.1	材料（工程设备）暂估价	—		详见明细表 6.52
2.2	专业工程在暂估价	150 000		详见明细表 6.53
3	计日工	22 366.40		详见明细表 6.54
4	总承包服务费	11 400		详见明细表 6.55
5	其他			
5.1	人工费调差			
5.2	机械费调差			
5.3	风险费			
5.4	索赔与现场签证	—		
合　计		283 766.40		

注：1. 材料（工程设备）暂估价进入清单项目综合单价，此处不汇总。
　　2. 人工费调差、机械费调差和风险费在备注栏说明计算方法。

投标人对其他项目费投标报价时应遵循以下原则：

（1）暂列金额应按照招标人提供的其他项目清单中列出的金额填写，不得变动（如表 6.59 所示）。

表 6.59 暂列金额明细表

工程名称：　　　　标段 ：　　　　第 页 共 页

序号	项目名称	计量单位	暂定金额/元	备注
1	工程量偏差和设计、变更	项	30 000	此项目设计图纸有待完善
2	材料价格波动	项	50 000	
3	其他	项	20 000	
4				
5				
…				
合　计			100 000	

（2）暂估价不得变动和更改。暂估价中的材料、工程设备暂估价必须按照招标人提供的暂估单价计入清单项目的综合单价（如表 6.60 所示）；专业工程暂估价必须按照招标人提供的其他项目清单中列出的金额填写（如表 6.61 所示）。

表 6.60　材料（工程设备）暂估单价及调整表

工程名称：　　　　　　　　　　　　标段：　　　　　　　　　　　　第　页　共　页

序号	材料（工程设备）名称、规格、型号	计量单位	数量		暂估/元		确认/元		差额±/元		备　注
			暂估	确认	单价	合价	单价	合价	单价	合价	
1	钢筋（规格见施工图）	t	180		3 000	540 000					用于现浇钢筋混凝土项目
合　计						540 000					

注：此表由招标人填写，并在备注栏说明暂估价的材料拟用在那些清单项目上，投标人应将上述材料暂估单价计入工程量清单综合单价报价中。

表 6.61　专业工程暂估价及结算价表

工程名称：　　　　　　　　　　　　标段：　　　　　　　　　　　　第　页　共　页

序号	工程名称	工程内容	暂估金额/元	结算金额/元	差额±/元	备　注
1	消防工程	合同面纸中标明的以及消防工程规范和技术说明中规定的各系统中的设备、管道、阀门、线缆等的供应、安装和调试工作	150 000			
合　计			150 000			

（3）计日工表的项目名称、暂定数量由招标人填写，编制招标控制价时，单价由招标人在招标文件中确定；投标时，单价由投标人自主报价，按暂定数量计算合价计入投标总价中。结算时，按发承包双方确认的实际数量计算合价。如表 6.62 所示。

表 6.62　计日工表

工程名称：　　　　　　　　　　　　标段：　　　　　　　　　　　　第　页　共　页

编号	项目名称	单位	暂定数量	实际数量	综合单价/元	合价/元	
						暂定	实际
一	人工						
1	钢筋工	工日	50		60	3 000	
2	木工	工日	30		90	2 700	
人工小计						5 700	

续表

编号	项目名称	单位	暂定数量	实际数量	综合单价/元	合价/元	
						暂定	实际
二	材料						
1	钢筋（规格见施工图）	t	3		3 500	10 500	
2	水泥 P.S42. 5	t	2		400	800	
材料小计						11 300	
三	施工机械						
1	自升式塔吊起重机	台班	3		600	1 800	
2	灰浆搅拌机（200L）	台班	5		90	450	
施工机械小计						2 250	
四、管理费和利润：按（人工费+机械费×8%）× 53%						3 116.4	
总 计						22 366.4	

（4）总承包服务费表中的项目名称、服务内容由招标人填写，编制招标控制价时，费率及金额由招标人按有关计价规定确定；投标时，费率及金额由投标人自主报价，计入投标总价中。如表 6.63 所示。

表 6.63　总承包服务费计价表

工程名称　　　　　　　　　　　　　　标段　　　　　　　　　　　　　　第　页　共　页

序号	项目名称	项目价值/元	服务内容	计算基础	费率/%	金额/元
1	发包人发包专业工程	150 000	1. 按专业工程承包人的要求提供施工工作面并对施工现场进行统一管理，对竣工资料进行统一整理汇总 2. 为专业工程承包人提供垂直运输机械和焊接电源接入点，并承担垂直运输费和电费	项目价值	4%	6 000
2	发包人供应材料	540 000	对发包人供应的材料进行验收及保管和使用发放	项目价值	1%	5 400
	合计	—	—		—	11 400

6.4.8　规费、税金项目计价表编制

规费和税金的计算必须按国家或省级、行业建设主管部门的规定计算，不得作为竞争性费用。规费、税金项目计价表的编制如表 6.64 所示。

表 6.64 规费、税金项目计价表

工程名称：　　　　　　　　　　　　　　　标段：　　　　　　　　　　　　　　第　页　共　页

序号	项目名称	计算基础	计算基数	计算费率/%	金额/元
1	规费	社会保险费、住房公积金、残疾人保证金+危险作业意外伤害险+工程排污费	87 705.71		87 705.71
1.1	社会保险费、住房公积金、残疾人保证金	分部分项定额人工费+单价措施定额人工费+其他项目定额人工费	324 835.97	26	84 457.35
1.2	危险作业意外伤害险	分部分项定额人工费+单价措施定额人工费+其他项目定额人工费	324 835.97	1	3 248.36
1.3	工程排污费				
2	税金	分部分项工程+措施项目+其他项目+规费−不计税工程设备费	1 812 894.92	3.48	63 088.74
合　计					150 794.45

6.4.9 单位工程招标控制价/投标报价汇总表编制

根据《云南省建设工程造价计价规则》（DBJ53/T-58—2013）规定，云南省单位工程招标控制价或投标报价（以房建与装饰工程为例）的计算程序见表 6.65。

表 6.65 单位工程招标控制价/投标报价计价程序（以房屋建筑与装饰工程为例）（2016 年 5 月 1 日前）

代号	项目名称	计算方法
1	分部分项工程费	∑分部分项清单工程量×分部分项综合单价
1.1	人工费	∑分部分项定额工程量×定额人工工日单价
1.2	材料费	∑分部分项定额工程量×定额材料费单价
1.3	设备费	∑分部分项定额工程量×设备单价×设备消耗量
1.4	机械费	∑分部分项定额工程量×定额机械费单价
1.5	管理费+利润	（<1.1>＋<1.4>× 8%）×（33%+ 20%）
2	措施项目费	<2.1>+<2.2>
2.1	单价措施项目费	∑单价措施清单工程量×单价措施综合单价
2.1.1	人工费	∑单价措施定额工程量×定额人工工日单价
2.1.2	材料费	∑单价措施定额工程量×定额材料费单价
2.1.3	机械费	∑单价措施定额工程量×定额机械费单价
2.1.4	管理费+利润	（<2.1.1>＋<2.1.3>× 8%）×（33%+20%）
2.2	总价措施项目费	<2.2.1>+<2.2.2>
2.2.1	安全文明施工费	（<1.1>+<1.4>× 8%）× 15.65%

续表

<table>
<tr><th>代号</th><th colspan="3">项目名称</th><th>计算方法</th></tr>
<tr><td>2.2.2</td><td colspan="3">其他总价措施费</td><td>（<1.1+<1.4>× 8%）×5.95%</td></tr>
<tr><td>3</td><td colspan="3">其他项目费</td><td><3.1>+<3.2>+<3.3>+<3.4>+<3.5></td></tr>
<tr><td>3.1</td><td colspan="3">暂列金额</td><td>按双方约定或按题给条件计取</td></tr>
<tr><td>3.2</td><td colspan="3">暂估材料、工程设备单价</td><td>按双方约定或按题给条件计取</td></tr>
<tr><td>3.3</td><td colspan="3">计日工</td><td>按双方约定或按题给条件计取</td></tr>
<tr><td>3.4</td><td colspan="3">总包服务费</td><td>按双方约定或按题给条件计取</td></tr>
<tr><td>3.5</td><td colspan="3">其他</td><td>按实际发生额计算</td></tr>
<tr><td>4</td><td colspan="3">规费</td><td><4.1>+<4.2>+<4.3></td></tr>
<tr><td>4.1</td><td colspan="3">社保费住房公积金及残保金</td><td>定额人工费总和×26%</td></tr>
<tr><td>4.2</td><td colspan="3">危险作业意外伤害保险</td><td>定额人工费总和×1%</td></tr>
<tr><td>4.3</td><td colspan="3">工程排污费</td><td>按有关规定或题给条件计算</td></tr>
<tr><td rowspan="3">5</td><td rowspan="3">税金</td><td rowspan="3">工程
所在地</td><td>市区</td><td>（<1>+<2>+<3>+<4>）×3.48%</td></tr>
<tr><td>县城/镇</td><td>（<1>+<2>+<3>+<4>）×3.41%</td></tr>
<tr><td>其他地方</td><td>（<1>+<2>+<3>+<4>）×3.28%</td></tr>
<tr><td>6</td><td colspan="3">招标控制价/投标报价</td><td><1>+<2>+<3>+<4>+<5></td></tr>
</table>

根据《住房和城乡建设部关于做好建筑业营改增建设工程计价依据调整准备工作的通知（建办标〔2016〕4号）、《财政部 国家税务总局关于全面推开营业税改增值税试点的通知》（财税〔2016〕36号）、《云南省住房和城乡建设厅关于印发〈关于建筑业营业税改征增值税后调整云南省工程造价计价依据的实施意见〉的通知》（云建标〔2016〕207号）等相关文件的规定，建筑业自2016年5月1日起纳入营业税改增值税（以下简称“营改税”）试点范围。实施“营改增”后云南省单位工程招标控制价（以房建与装饰工程为例）的计算程序见表6.66。

表6.66 单位工程招标控制价/投标报价计价程序（以房屋建筑与装饰工程为例）（2016年5月1日后）

代号	项目名称	计算方法
1	分部分项工程费	∑分部分项清单工程量×分部分项综合单价
1.1	人工费	∑分部分项定额工程量×定额人工费单价
1.2	材料费	<1.2.1>+<1.2.2>
1.2.1	计价材料费	∑分部分项定额工程量×计价材料费单价
1.2.2	未计价材料费	∑分部分项定额工程量×未计价材料单价×未计价材消耗量
1.3	设备费	∑分部分项定额工程量×设备单价×设备消耗量
1.4	机械费	∑分部分项定额工程量×定额机械费单价
A	除税机械费	∑分部分项定额工程量×除税机械费单价×台班消耗量
1.5	管理费和利润	（<1.1>+<1.5>×8%）×（33%+20%）
B	计税的分部分项工程费	<1>-<1.2.1>×0.912-<1.2.2>-<1.3>-<A> 即（分部分项工程费-除税计价材料费-未计价材料费-设备费-除税机械费）

续表

代号	项目名称	计算方法
2	措施项目费	<2.1>+<2.2>
2.1	单价措施项目费	∑单价措施清单工程量×单价措施综合单价
2.1.1	定额人工费	∑单价措施定额工程量×定额人工费单价
2.1.2	材料费	<2.1.2.1>+<2.1.2.2>
2.1.2.1	计价材料费	∑单价措施定额工程量×计价材料费单价
2.1.2.2	未计价材料费	∑单价措施定额工程量×未计价材料单价×未计价材消耗量
2.1.3	定额机械费	∑单价措施定额工程量×定额机械费单价
C	除税机械费	∑单价措施定额工程量×除税机械费单价×台班消耗量
2.1.4	管理费和利润	∑(<2.1.1>+<2.1.3>×8%)×(33%+20%)
D	计税的单价措施项目费	<2.1>−<2.1.2.1>×0.912−<2.1.2.2>−<C> 意为:(单价措施项目费−除税计价材料费−未计价材料费−除税机械费)
2.2	总价措施项目费	<2.2.1>+<2.2.2>
2.2.1	安全文明施工费	(<1.1>+<1.4>× 8%)× 15.65%
2.2.1	其他总价措施费	(<1.1+<1.4>× 8%)×5.95%
3	其他项目费	<3.1>+<3.2>+<3.3>+<3.4>+<3.5>
3.1	暂列金额	按双方约定或按题给条件计取
3.2	专业工程暂估价	按双方约定或按题给条件计取
3.3	计日工	按双方约定或按题给条件计取
3.4	总包服务费	按双方约定或按题给条件计取
3.5	其他	按实际发生额计算
4	规费	<4.1>+<4.2>+<4.3>
4.1	社保费住房公积金及残保金	定额人工费总和×26%
4.2	危险作业意外伤害保险	定额人工费总和×1%
4.3	工程排污费	按有关规定或题给条件计算
5	税金 工程所在地 市区	(<B>+<D>+<3>+<4>)×11.36%
	县城/镇	(<B>+<D>+<3>+<4>)×11.30%
	其他地方	(<B>+<D>+<3>+<4>)×11.18%
6	招标控制价/投标报价	<1>+<2>+<3>+<4>+<5>

1. 单位工程招标控制价汇总表编制实例

【例6.8】已知背景资料如下:

昆明市区新建一幢8层框架结构的住宅楼，建筑面积为5 660 m^2。该工程根据招标文件及分部分项工程量清单、云南省2013版工程造价计价依据、现行的人、材、机单价计算出以下造价数据:分部分项工程费中的人工费710 400元，材料费2 692 400元(其中计价材费685 132元，未计价材费2 007 268元)，机械费280 400元(其中除税机械费173 848元)。单价措施项目中人工费 45 100 元，材料费 92 400 元（其中计价材费 8 726 元，未计价材费 83 674 元），机械费 60 400 元（其中除税机械费 37 448 元）。招标文件载明暂列金额应计 100 000 元。专业工程暂估价 30 000 元。总价措施项目费应计算安全文明施工费、其他措施费。工程排污费计 10 000 元。

试根据上述条件，计算该住宅楼工程实施“营改增”前后的单位工程招标控制价，计算结果在“单位工程招标控制价汇总表”上完成（单位为元，取整）。

【解】根据《云南省建设工程造价计价规则》和《关于建筑业营业税改征增值税后调整云南省工程造价计价依据的实施意见》，该住宅楼工程实施“营改增”前、后的招标控制价计算过程分别见表 6.67、6.68。

表 6.67　住宅楼工程实施“营改增”前的招标控制价计算

代号	项目名称	计算公式	金额/元
1	分部分项工程费	<1.1>+<1.2>+<1.3>+<1.4>+<1.5>	4 071 601
1.1	人工费	题目已知	710 400
1.2	材料费	题目已知（<1.2.1>+<1.2.2>）	2 692 400
1.2.1	计价材料费	题目已知	685 132
1.2.2	未计价材料费	题目已知	2 007 268
1.3	设备费	—	—
1.4	机械费	题目已知	280 400
1.5	管理费和利润	（<1.1> + <1.4>× 8%）×（33%+ 20%）	388 401
2	措施项目费	<2.1>+<2.2>	382 656
2.1	单价措施项目费	<2.1.1>+<2.1.2>+<2.1.3>+<2.1.4>	224 364
2.1.1	人工费	题目已知	45 100
2.1.2	材料费	题目已知<2.1.2.1>+<2.1.2.2>	92 400
2.1.2.1	计价材料费	题目已知	8 726
2.1.2.2	未计价材料费	题目已知	83 674
2.1.3	机械费	题目已知	60 400
2.1.4	管理费和利润	（<2.1.1> + <2.1.3>× 8%）×（33%+ 20%）	26 464
2.2	总价措施项目费	<2.2.1>+<2.2.2>	158 292
2.2.1	安全文明施工费	（<1.1>+<1.4>× 8%）× 15.65%	114 688
2.2.1	其他总价措施费	（<1.1+<1.4>× 8%）×5.95%	43 604
3	其他项目费	<3.1>+<3.2>+<3.3>+<3.4>+<3.5>	243 325
3.1	暂列金额	题目已知	100 000
3.2	专业工程暂估价	题目已知	30 000
3.3	计日工	—	—
3.4	总包服务费	—	—
3.5	其他	<3.5.1>	113 325
3.5.1	人工费调增（云建标〔2016〕208 号文）	定额人工费总和（<1.1>+<2.1.1>）×15%	113 325

续表

代号	项目名称	计算公式	金额/元
4	规费	<4.1>+<4.2>+<4.3>	213 985
4.1	社会保险费、住房公积金及残疾人保证金	定额人工费总和（<1.1>+<2.1.1>）×26%	196 430
4.2	危险作业意外伤害保险	定额人工费总和（<1.1>+<2.1.1>）×1%	7 555
4.3	工程排污费	题目已知	10 000
5	税金（市区）	（<1>+<2>+<3>+<4>）×3.48%	170 923
6	单位工程招标控制价	<1>+<2>+<3>+<4>+<5>	5 082 489

表6.68 住宅楼工程实施“营改增”后的招标控制价计算

代号	项目名称	计算公式	金额/元
1	分部分项工程费	<1.1>+<1.2>+<1.3>+<1.4>+<1.5>	4 071 601
1.1	人工费	题目已知	710 400
1.2	材料费	题目已知（<1.2.1>+<1.2.2>）	2 692 400
1.2.1	计价材料费	题目已知	685 132
1.2.2	未计价材料费	题目已知	2 007 268
1.3	设备费	—	—
1.4	机械费	题目已知	280 400
A	除税机械费	题目已知	173 848
1.5	管理费和利润	（<1.1>＋<1.4>× 8%）×（33%+ 20%）	388 401
B	计税的分部分项工程费	<1>–<1.2.1>×0.912–<1.2.2>–<1.3>–<A>	1 265 645
2	措施项目费	<2.1>+<2.2>	382 656
2.1	单价措施项目费	<2.1.1>+<2.1.2>+<2.1.3>+<2.1.4>	224 364
2.1.1	人工费	题目已知	45 100
2.1.2	材料费	题目已知	92 400
2.1.2.1	计价材料费	题目已知	8 726
2.1.2.2	未计价材料费	题目已知	83 674
2.1.3	机械费	题目已知	60 400
C	除税机械费	题目已知	37 448
2.1.4	管理费和利润	（<2.1.1>＋<2.1.3>× 8%）×（33%+ 20%）	26 464
D	计税的单价措施项目费	<2.1>-<2.1.2.1>×0.912–<2.1.2.2>–<C>	95 284
2.2	总价措施项目费	<2.2.1>+<2.2.2>	158 292
2.2.1	安全文明施工费	（<1.1>+<1.4>× 8%）× 15.65%	114 688
2.2.1	其他总价措施费	（<1.1+<1.4>× 8%）×5.95%	43 604
3	其他项目费	<3.1>+<3.2>+<3.3>+<3.4>+<3.5>	243 325
3.1	暂列金额	题目已知	100 000

续表

代号	项目名称	计算公式	金额/元
3.2	专业工程暂估价	题目已知	30 000
3.3	计日工	无	—
3.4	总包服务费	无	—
3.5	其他	<3.5.1>	113 325
3.5.1	人工费调增（云建标[2016]208号文）	定额人工费总和（<1.1>+<2.1.1>）×15%	113 325
4	规费	<4.1>+<4.2>+<4.3>	213 985
4.1	社会保险费、住房公积金及残疾人保证金	定额人工费总和（<1.1>+<2.1.1>）×26%	196 430
4.2	危险作业意外伤害保险	定额人工费总和（<1.1>+<2.1.1>）×1%	7 555
4.3	工程排污费	题目已知	10 000
5	税金（市区）	（<B>+<D>+<3>+<4>）×11.36%	206 552
6	单位工程招标控制价	<1>+<2>+<3>+<4>+<5>	5 118 119

【例 6.9】已知背景资料如下：

（1）昆明市区某中学拟建一栋六层全框架结构教学楼，于 2016 年 6 月 2 日发售招标文件。

（2）某造价咨询公司按现行“招标控制价”编制依据编制出：分部分项工程费中的人工费 258 万元，材料费 1 005.628 万元（其中计价材费 205.128 万元，未计价材费 800.5 万元），机械费 180 万元（其中除税机械费 138 万元）；单价措施费中的人工费为 15 万元，材料费 50.796 万元（其中计价材费 15.696 万元，未计价材费 35.1 万元），机械费为 6 万元（其中除税机械费 3.9 万元）；工程排污费 2 万元；总包工程服务费为 8 万元。

请根据以上资料，按云南省现行文件规定，计算实施“营改增”后的单位工程招标控制价，计算结果在“单位工程招标控制价汇总表”上完成（单位为万元，保留小数点后三位）。

【解】计算过程及结果如表 6.69 所示。

表 6.69　某单位工程招标控制价汇总表

序号	项目名称	计算式	金额/万元
1	分部分项工程费	<1.1>+<1.2>+<1.3>+<1.4>+<1.5>	1 588
1.1	人工费	题目已知	258
1.2	材料费	题目已知	1 005.628
1.2.1	计价材料费	题目已知	205.128
1.2.2	未计价材料费	题目已知	800.5
1.3	设备费	—	—
1.4	机械费	题目已知	180
A	除税机械费	题目已知	138
1.5	管理费+利润	（<1.1> + <1.4>× 8%）×（33%+ 20%）	144.372
B	计税的分部分项工程费	<1>−<1.2.1>×0.912−<1.2.2>−−<A>	462.423
2	措施项目费	<2.1> + <2.2>	122.631

续表

序号	项目名称	计算式	金额/万元
2.1	单价项目措施费	<2.1.1>+<2.1.2>+<2.1.3>+<2.1.4>	80
2.1.1	人工费	题目已知	15
2.1.2	材料费	题目已知	50.796
2.1.2.1	计价材料费	题目已知	15.696
2.1.2.2	未计价材料费	题目已知	35.1
2.1.3	机械费	题目已知	6
C	除税机械费	题目已知	3.9
2.1.4	管理费+利润	（<2.1.1>＋<2.1.3>× 8%）×（33%+ 20%）	8.204
D	计税的单价措施项目费	<2.1>−<2.1.2.1>×0.912−<2.1.2.2>−<C>	26.685
2.2	总价项目措施费	<2.2.1>+ <2.2.2>	42.631
2.2.1	安全文明施工费	（<1.1>+<1.4>× 8%）× 15.65%	42.631
2.2.2	其他总价措施项目费	—	—
3	其他项目费	<3.1>+ <3.2>	48.95
3.1	人工费调增	定额人工费总和（<1.1>+<2.1.1>）×15%	40.95
3.2	总包工程服务费	题目已知	8
4	规费	<4.1>+ <4.2>+ <4.3>	75.71
4.1	社会保险费、住房公积金及残疾人保证金	（<1.1>+ <2.1.1>）×费率 26%	70.98
4.2	危险作业意外险	（<1.1>+ <2.1.1>）× 1%	2.73
4.3	工程排污费	已知	2
5	税金（市区）	（<B>+<D>+<3>+<4>）×11.36%	69.724
6	单位工程招标控制价	<1>+<2>+<3>+<4>+<5>	1 905.015

2. 投标报价汇总表编制实例

【例 6.10】已知背景资料如下：

（1）某施工企业拟参加昆明市区某单位综合楼的投标，计算出无优惠全费用各项费用为：分部分项工程费 860 万元，其中人工费 180 万元，材料费 480.36 万元（计价材料费 180.36 万元，未计价材料费 300 万元），机械费 100 万元（除税机械费 65 万元）；单价项目措施费 85 万元，其中人工费 20 万元，材料费 46.061 万元（计价材料费 15.061 万元，未计价材料费 31 万元），机械费 8 万元（除税机械费 5.8 万元）。工程排污费 5 万元。在招标文件的其他项目清单中只有一项内容即暂列金额 10 万元。

（2）该施工企业根据企业自身管理水平和技术力量进行分析后，提出以下报价方案：

① 管理费费率均按社会平均参考值下浮 10%。

② 利润率均按社会平均参考值下浮 15%。

请根据以上资料，依据云南省现行文件规定，计算该工程的投标报价，计算结果在“单位工程投标报价汇总表”上完成（单位为万元，保留小数点后三位）。

【解】计算过程及结果如表 6.70 所示。

表 6.70　某单位工程招标控制价汇总表

序号	项目名称	计算式	金额/万元
1	分部分项工程费	<1.1>+<1.2>+<1.3>+<1.4>+<1.5>	848.156
1.1	人工费	题目已知	180
1.2	材料费	题目已知	480.36
1.2.1	计价材料费	题目已知	180.36
1.2.2	未计价材料费	题目已知	300
1.3	设备费	—	—
1.4	机械费	题目已知	100
A	除税机械费	题目已知	65
1.5	管理费+利润	（<1.1>+<1.4>× 8%）×[33%×（1−10%）+ 20%×（1−15%）]	87.796
B	计税的分部分项工程费	<1>−<1.2.1>×0.912−<1.2.2>−<A>	318.668
2	措施项目费	<2.1> + <2.2>	113.122
2.1	单价项目措施费	<2.1.1>+ <2.1.2>+<2.1.3>+<2.1.4>	83.700
2.1.1	人工费	题目已知	20
2.1.2	材料费	题目已知	46.061
2.1.2.1	计价材料费	题目已知	15.061
2.1.2.2	未计价材料费	题目已知	31
2.1.3	机械费	题目已知	8
C	除税机械费	题目已知	5.8
2.1.4	管理费+利润	（<2.1.1>+<2.1.3>× 8%）×[33%×（1−10%）+ 20%×（1−15%）]	9.639
D	计税的单价措施项目费	<2.1>−<2.1.2.1>×0.912−<2.1.2.2>−<C>	33.164
2.2	总价项目措施费	<2.2.1>+<2.2.2>	29.422
2.2.1	安全文明施工费	（<1.1>+<1.4>×8%）×15.65%	29.422
2.2.2	其他总价措施项目费	—	—
3	其他项目费	<3.1>+<3.2>	40
3.1	人工费调增	定额人工费总和（<1.1>+<2.1.1>）×15%	30
3.2	暂列金额	题目已知	10
4	规费	<4.1>+ <4.2>+ <4.3>	59
4.1	社会保险费、住房公积金及残疾人保证金	（<1.1>+< 2.1.1>）×费率 26%	52
4.2	危险作业意外险	（<1.1>+< 2.1.1>）× 1%	2
4.3	工程排污费	已知	5
5	税金	（<B>+<D>+<3>+<4>）×11.36%	51.215
6	单位工程投标报价	<1>+<2>+<3>+<4>+<5>	1111.493

6.5 施工图预算的工料分析

6.5.1 工料分析的含义

单位工程施工图预算的工料分析是根据单位工程各分部分项工程的工程量，应用预算定额，详细计算出一个单位工程的全部人工需要量和各种材料的消耗量的分解汇总过程，这一分解汇总的过程就称为工料分析。

6.5.2 工料分析的作用

（1）是工程消耗的最高限额。
（2）是编制单位工程劳动计划和材料供应计划的依据。
（3）开展班组经济核算的基础。
（4）是向工人班组下达施工任务和考核人工、材料节超情况的依据。
（5）为分析技术经济指标提供依据。
（6）为编制施工组织设计和施工方案提供依据。
（7）材料分析结果是材差计算的依据之一。

6.5.3 工料分析的表现形式

在编制施工图预算时工料分析是以表格的形式表达的，详见工料分析表6.71。

表6.71 工料分析表

工程名称：

序号	定额编码	项目名称	单位	工程量								
					定额	数量	定额	数量	定额	数量	定额	数量

6.5.4 工料分析的步骤

1. 抄写项目名称和工程量

将各分部分项工程的定额编号、分项工程的名称、计量单位、工程量（数量）逐一抄写到“工料分析表”上。

2. 查抄工料名称和定额消耗量

按照定额编号顺序，从预算定额中查出所需分析项目的工料名称、计量单位、定额消耗量，填入“工料分析表”中相应栏内。

3. 计算工料数量

用各工程项目数量乘以相应项目的单位用工、用料数量，求出各分部分项工程人工及各种材料的总量。

4. 进行工料汇总

累计单位工程各种用工、用料的总量，最后填入“工料汇总表”中。

人工总量＝∑（分项工程量×分项工程定额工日消耗量）

材料用量＝∑（分项工程量×分项工程定额各种材料消耗量）

5. 半成品材料的二次分析

当材料为砂浆、混凝土等半成品时，应进行材料的二次分析，计算出原材料（如水泥、砂子、石子等）的用量。用公式表示为：

半成品中原材料的用量=半成品材料用量 × 每一计量单位半成品中原材料的定额用量

6. 计算主要材料指标

主要材料（如：钢材、水泥、木材等）的指标是指主要材料的每平方米用量，其计算公式为：

每平方米材料用量＝某种材料的总预算用量/建筑面积 （用量/m^2）

6.5.5 工料分析实例

【例 6.11】 已知某单位工程的消耗量定额分部分项工程项目及其工程量，试分析其中的“普通粘土砖、水、水泥、细砂、碎石”的用量。

（1）M5.0 水泥砂浆（细砂，P.S32.5）砌砖基础 20 m^3。

（2）M5.0 混合砂浆（细砂，P.S32.5）砌 1 砖单面清水墙 100 m^3。

（3）现浇 C20（20，细砂，P.S42.5）单梁 10 m^3。

【解】（1）查《云南省房屋建筑与装饰工程消耗量定额》，如表 6.72。

表 6.72 定额项目表 计量单位：10 m^3

定额编号		01040001	01040004	01050027
项目名称		砖基础	单面清水墙（1 砖）	单梁
基价/元		820.00	1 131.04	1 365.39
其中	人工费/元	778.06	1 090.43	976.73
	材料费/元	5.88	5.94	73.39
	机械费/元	36.06	34.67	315.27

续表

名称		单位	单价/元	数量		
材料	标准砖 240×115×53/mm	m^3	—	（5.240）	（5.300）	—
	砌筑混合砂浆 M5.0	m^3	—	—	（2.396）	—
	砌筑水泥砂浆 M5.0	m^3	—	（2.490）	—	—
	现浇混凝土 C20	m^3	—	—	—	（10.15）
	草席	m^2	1.40	—	—	6.900
	水	m^3	5.60	1.050	1.060	11.380
机械	灰浆搅拌机 200 L	台班	86.90	0.415	0.399	—
	砼搅拌机 500 L	台班	192.49	—	—	0.531
	砼振捣器 插入式	台班	15.47	—	—	1.250
	翻斗车 装载质量 1 t	台班	150.17	—	—	1.290

（2）进行工料一次分析。

计算结果如表 6.73。

表 6.73　工料分析表（一次分析）

序号	定额编码	项目名称	单位	工程量	人工/工日		M5.0 水泥砂浆（细砂/P.S32.5）/m^3		普通黏土砖/千块		水/m^3		M5.0 混合砂浆（细砂/P.S32.5）/m^3		C20 现浇砼（20/细/P.S42.5）/m^3	
					定额	数量	定额	数量	定额	数量	定额	数量	定额	数量	定额	数量
1	01040001	M5.0 水泥砂浆砌砖基础	10 m^3	2	12.180 ①	24.36	2.49	4.98	5.24	10.48	1.05	2.1				
2	01040004	M5.0 混合砂浆砌 1 砖单面清水墙	10 m^3	10	17.070 ②	170.70			5.3	53	1.06	10.6	2.396	23.96		
3	01050027	现浇 C20 单梁（20，P.S42.5）	10 m^3	1	15.290 ③	15.29					11.38	11.38			10.15	10.15
合　计						210.35		4.98		63.48		24.08		23.96		10.15

注：表中①人工定额用量=定额人工费/人工工日单价=778.06/63.88=12.180 工日/10m^3。

② 人工定额用量=定额人工费/人工工日单价=1 090.43/63.88=17.070 工日/10m^3。

③ 人工定额用量=定额人工费/人工工日单价=976.73/63.88=15.290 工日/10m^3。

（3）进行材料二次分析，查《云南省房屋建筑与装饰工程消耗量定额》附表，如表 6.74 所示。

表 6.74　半成品材料配合比表

定额编号			24	245	254
项目			现浇 C20 混凝土（20，细，P.S42.5）/m³	M5.0 水泥砂浆（细砂/P.S32.5）/m³	M5.0 混合砂浆（细砂/P.S32.5）/m³
基价/元			232.41	220.68	259.56
材料名称	单位	单价	数量	数量	数量
P.S32.5 水泥	t	416	—	0.236	0.245
P.S42.5 水泥	t	477	0.283	—	—
细砂	m³	98	0.700	1.230	1.230
水	m³	5.6	0.210	0.350	0.32
石灰膏	kg	0.33	—	—	107.000
碎石 20 mm	m³	80	0.870	—	—

根据表 6.71 中半成品材料配合比进行材料的二次分析，其结果见表 6.75 和表 6.76。

表 6.75　工料分析表（二次分析）

序号	定额编码	项目名称	单位	工程量	P.S32.5 水泥/t		细砂 /m³		水 /m³		P.S42.5 水泥/t		碎石 20 /m³	
					定额	数量	定额	数量	定额	数量	定额	数量	定额	数量
1	24	C20 现浇砼（20/细/P.S42.5）	m³	10.15			0.7	7.11	0.21	2.13	0.283	2.872	0.87	8.83
2	245	M5.0 水泥砂浆（细/P.S32.5）	m³	4.98	0.236	1.175	1.23	6.13	0.35	1.74				
3	254	M5.0 混合砂浆（细砂/P.S32.5）	m³	23.96	0.245	5.870	1.23	29.47	0.32	7.67				
合　计						7.045		42.71		11.54		2.872		8.83

表 6.76　人工及主要材料汇总表

工程名称：　　　　　　　　　　　　　　　　　　　　　第　页共　页

序号	材料名称	规格、型号等特殊要求	单位	数量
1	人工	综合	工日	210.35
2	水泥	矿渣硅酸盐 P.S32.5	t	7.045
3	水泥	矿渣硅酸盐 P.S42.5	t	2.872
4	砂	细	m³	42.71
5	碎石	粒径 20 mm	m³	8.83
6	普通黏土砖	标准砖	千块	63.48
	水	—	m³	35.62

注：表中水的数量=一次分析用水量+二次分析用水量=24.08+ 11.54=35.62 m³

习题与思考题

1. 施工图预算所包括的内容有哪些？

2. 工程量清单编制、招标控制价编制及投标报价编制的一般规定分别有哪些？

3. 工程量清单计价主要有哪些内容组成？

4. 工程量清单计价模式综合单价包括哪些费用？其每项费用分别是如何计算的？如何编制综合单价分析表？

5. 简述定额计价模式和工程量清单计价模式的主要区别。

6. 工程量清单计价由哪些表格组成？其填写有哪些规定？

7. 按《云南省房屋建筑与装饰工程消耗量定额》在“建筑安装工程直接工程费计算表”上套价并计算以下工程的直接工程费。已知人工工日单价、计价材料、机械台班单价以现行定额价为准，未计价材料的价格以当地当时的价格信息或市场价为准。

（1）人工挖基坑 100 m^3（普通土，深 1.5 m）。

（2）M5.0 水泥砂浆砌砖基础 20 m^3。

（3）M7.5 混合砂浆砌 1.5 砖单面清水墙 30 m^3。

（4）C20 现浇混凝土构造柱 30 m^3。

（5）C25 现浇混凝土单梁 15 m^3。

（6）二毡三油一砂卷材屋面 200 m^2。

（7）C10 现浇混凝土地坪垫层 50 m^3。

（8）预制钢筋混凝土 T 型吊车梁（单体构件为 1.2 m^3/个）安装 40 m^3。

（9）防水砂浆（平面）防潮层 20 mm 厚，160 m^2。

8. 某施工单位根据招标文件提供的“工程量清单”和施工图纸计算出对应的定额项目的工程量如表 6.77 所示，试根据当地《消耗量定额》《计价规则》及主材价格，编制所列分项工程的工程量清单综合单价，并计算出“分部分项工程费”，填入相应的表格中。

表 6.77 某工程清单工程量及定额工程量表

清单项目					对应的定额项目			
序号	项目编码	项目名称	单位	工程量	项次	项目名称	单位	工程量
1	010101003001	挖沟槽土方	m^3	2 580	1	人工挖沟槽（三类土，深 2 m 以内）	m^3	5 280
					2	人力运土方（运距 20 m 以内）	m^3	2 650
					3	装载机装/自卸汽车运土（运距 1 km 以内）	m^3	1 020
2	010401001001	砖基础	m^3	38.16	1	M5.0 水泥砂浆砌砖基础	m^3	38.16
					2	20 厚 1∶2 水泥砂浆墙基防潮层	m^2	21.25
3	010501001001	垫层	m^3	26.5	1	现浇 C15 混凝土基础垫层	m^3	26.5
4	010502001001	矩形柱	m^3	189.66	1	现浇 C20 混凝土矩形柱（断面周长 1.8 m 内）	m^3	189.66
5	010507001001	散水	m^2	38.81	1	泥结碎石垫层	m^3	38.81
					2	60 厚现浇 C15 混凝土散水面层	m^3	38.81

续表

清单项目					对应的定额项目			
序号	项目编码	项目名称	单位	工程量	项次	项目名称	单位	工程量
6	011101001001	水泥砂浆楼地面	m^2	151.38	1	30厚1：3水泥砂浆找平	m^2	151.38
					2	25厚1：2水泥砂浆面层	m^2	151.38
7	011204003001	块料墙面	m^2	375.13	1	内墙面 釉面砖(水泥砂浆粘贴)周长2 000 mm以内	m^2	375.13
8	011302001001	吊顶天棚	m^2	263.9	1	装配式U型轻钢天棚龙骨（不上人型）龙骨间距400 mm×500 mm跌级	m^2	264.9
					2	天棚石膏板面层，安在u型轻钢金龙骨上，跌级天棚	m^2	285.62

9. 根据表6.77，分析该工程人工和主要材料的用量。

10. 已知某市区的某单位新建一幢8层框架结构的住宅楼，建筑面积为6 800 m^2。该工程根据设计施工图、当地的《建设工程造价计价规则》计算出分部分项工程费中的人工费为156万元，材料费为620万元（计价材料费170万元，未计价材料费450万元），机械费为128万元（除税机械费98万元）；单价措施费中的人工费28万元，材料费146万元（计价材料费32万元，未计价材料费114万元），机械费30万元（除税机械费22万元）；总包工程服务费6万元；工程排污费3万元；暂列金额10万元。

请根据以上资料，按云南省现行文件规定，计算实施“营改增”后的单位工程招标控制价，计算结果在表6.78“单位工程招标控制价汇总表”上完成（单位为万元，保留小数点后三位）。

表6.78 某单位工程招标控制价汇总表

序号	项目名称	计算式	金额/万元
1	分部分项工程费		
1.1	人工费		
1.2	材料费		
1.2.1	计价材料费		
1.2.2	未计价材料费		
1.3	设备费		
1.4	机械费		
A	除税机械费		
1.5	管理费+利润		
B	计税的分部分项工程费		
2	措施项目费		
2.1	单价项目措施费		
2.1.1	人工费		
2.1.2	材料费		

续表

序号	项目名称	计算式	金额/万元
2.1.2.1	计价材料费		
2.1.2.2	未计价材料费		
2.1.3	机械费		
C	除税机械费		
2.1.4	管理费+利润		
D	计税的单价措施项目费		
2.2	总价项目措施费		
2.2.1	安全文明施工费		
2.2.2	其他总价措施项目费		
3	其他项目费		
3.1	人工费调增		
3.2	暂列金额		
3.3	总包工程服务费		
4	规费		
4.1	社会保险费、住房公积金及残疾人保证金		
4.2	危险作业意外险		
4.3	工程排污费		
5	税金		
6	单位工程招标控制价		

第 7 章　工程竣工结算与竣工决算

【学习目标】

1. 熟悉工程竣工结算与竣工决算的概念。
2. 掌握工程预付款、质量保证金的计算。
3. 掌握工程进度款的计算与支付。
4. 掌握工程价款的结算程序。
5. 熟悉竣工结算的内容及编制方法。

7.1　工程竣工结算

7.1.1　工程竣工结算概述

1. 竣工结算的概念

工程竣工结算指施工企业按照合同规定的内容，全部完成所承包的单位工程或单项工程，经有关部门验收质量合格，并符合合同要求后，按照规定程序向建设单位办理最终工程价款结算的一项经济活动。

2. 竣工结算的作用

竣工结算是工程项目承包中一项十分重要的工作，其主要作用表现为：

（1）竣工结算是施工企业与建设单位结清工程费用的依据。

（2）竣工结算是施工企业考核工程成本，进行经济核算的依据。

（3）竣工结算是编制概算定额和概算指标的依据。

7.1.2　工程预付款

1. 工程预付款的概念

施工企业承包工程，一般都实行包工包料，这就需要有一定数量的备料周转金。在工程承包合同条款中，一般要明文规定发包单位（甲方）在开工前拨付给承包单位（乙方）一定限额的工程预付备料款（简称工程预付款）。此预付款构成施工企业为此承包工程项目储备主要材料、结构件所需的流动资金。

2. 预付款的限额

预付款限额由下列主要因素决定：主要材料（包括外购构件）占工程造价的比重；材料储备期；施工工期。

对于施工企业常年应备的预付款限额，也可按下式计算：

$$备料款数额=\frac{全年建安工程量\times主材比重}{年度施工日历天数}\times材料储备天数 \tag{7.1}$$

$$预付备料款额度=\frac{预付备料款额度}{年度建安工程量}\times100\% \tag{7.2}$$

在实际工程中，备料款的数额，要根据工程类型、合同工期、承包方式和供应方式等不同条件而定。例如：一般建筑工程预付款的数额可为当年建筑工作量（包括水、电、暖）的20%；安装工程可为年安装工作量的10%；材料占比重多的安装工程可按年计划工作量的15%左右拨付；小型工程可以不预付备料款，直接分阶段拨付工程进度款等；计价执行《建设工程工程量清单计价规范》的工程，实体性消耗和非实体性消耗部分应在合同中分别约定预付款比例。

为了简化计算，预付款的限额可按预付款占工程合同造价的额度计算。其计算公式为：

$$预付款限额=工程合同造价\times预付款额度 \tag{7.3}$$

3. 预付款的支付

对于包工包料工程的预付款按合同约定拨付，原则上预付比例不低于合同金额的 10%，不高于合同金额的30%，对重大工程项目，按年度工程计划逐年预付。

在具备施工条件的前提下，发包人应在双方签订合同后的一个月内或不迟于约定的开工日期前的 7 天内预付工程款，发包人不按约定预付，承包人应在预付时间到期 后 10 天内向发包人发出要求预付的通知，发包人收到通知后仍不按要求预付，承包人可在发出通知 14 天后停止施工，发包人应从约定应付之日起向承包人支付应付款的利息（利率按同期银行贷款利率计），并承担违约责任。

预付的工程款必须在合同中约定抵扣方式，并在工程进度款中进行抵扣。

4. 预付款扣回

当工程进展到一定阶段，随着工程所需储备的主要材料和结构件逐步减少，建设单位应将开工前预付的备料款，以抵充工程进度款的方式陆续扣回，并在竣工结算前全部扣清。常用扣还办法有三种。

（1）当未施工工程所需的主要材料和结构件的价值，恰好等于工程预付备料款数额时开始起扣。即预付款可以从未施工工程尚需的主要材料及构件的价值相当于备料款数额时起扣，从每次结算工程价款中，按材料比重扣抵工程价款，竣工前全部扣清。

预付款起扣点的计算公式为：

$$\begin{aligned}预付款起扣点&=施工合同价款-未完工程价值\\&=施工合同价款-\frac{工程预付款}{主要材料比重}\end{aligned} \tag{7.4}$$

即：$T = P - \dfrac{M}{N}$

（2）按合同规定办法扣还预付款。为简便起见，在施工合同中采用协商的起扣点和采用固定的比例扣还预付款办法，甲乙双方共同遵守。

（3）工程竣工结算时一次扣留预付款。

预付款在施工前一次拨付，施工过程中不分次抵扣，在最后一次拨付工程款时将预付款一次性扣留。

【例 7.1】某工程按工程量清单计价，得到如下数据：分部分项工程工程量清单计价合计 1 600 万元；措施项目清单计价合计 75 万元；其他项目清单计价合计 150 万元；规费 95 万元。税率是不含税造价的 3.4%。在工程进行中，按 25%支付工程预付款，在未完施工尚需的主要材料及构配件相当于预付款时起扣。主要材料和构配件占工程造价的 60%。

问题:（1）该工程的总造价是多少?

（2）该工程的预付款是多少?

（3）预付款起扣点是多少?

【解】（1）总造价是:（1 600+75+150+95）（1+3.4%）=1 985.28（万元）

（2）工程的预付款是：1 985.28×25%=496.32（万元）

（3）预付款的起扣点是：$1985.28 - \dfrac{496.32}{60\%} = 1985.28 - 827.2 = 1158.08$（万元）

7.1.3 工程进度款的结算与支付

1. 工程进度款结算方式

（1）按月结算。即实行按月支付进度款，竣工后清算的办法。合同工期在两个年度以上的工程，在年终进行工程盘点，办理年度结算。

（2）分段结算与支付。即当年开工、当年不能竣工的工程按照工程形象进度，划分不同阶段支付工程进度款。具体划分在合同中明确。

（3）竣工后一次结算。建设项目或单项工程全部建筑安装工程建设期在 12 个月以内，或者工程承包合同价值在 100 万元以下的，可以实行工程价款每月月中预支，竣工后一次结算。

2. 工程进度款支付

施工企业在施工过程中，按逐月（或形象进度、或控制界面等）完成的工程数量计算各项费用，向建设单位办理工程进度款的支付。工程进度款支付步骤如图 7.1 所示。

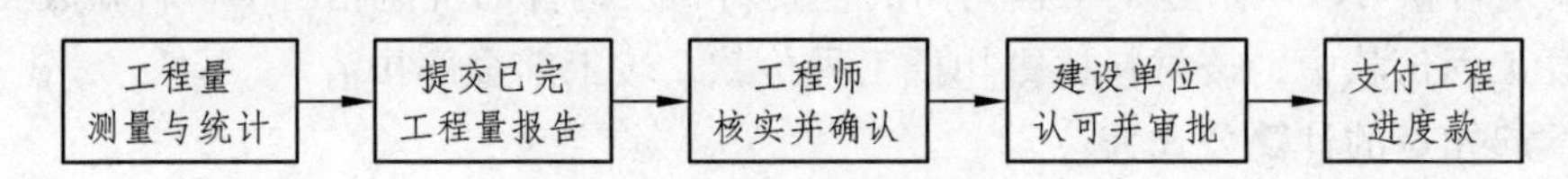

图 7.1　工程进度款支付步骤

承包人对完成的工程进行测量与统计，并向发包人提交已完工程量的报告，发包人接到报告后 14 天内核实已完工程量，在确认计量结果后 14 天内，发包人应向承包人支付工程款

（进度款）。按约定时间发包方应扣回的预付款，与工程款（进度款）同期结算。工程进度款支付时，要考虑工程保修金的预留，以及在施工过程中发生的安全措施方面的费用、专利技术及特殊工艺涉及的费用、文物和地下障碍物涉及的费用。

《建设工程价款结算暂行办法》中规定：

（1）发包人收到承包人报告后 14 天内未核实完工程量，从第 15 天起，承包人报告的工程量即视为被确认，作为工程价款支付的依据，双方合同另有约定的，按合同执行。

（2）发包人超过约定的支付时间不支付工程进度款，承包人应及时向发包人发出要求付款的通知，发包人收到承包人通知后仍不能按要求付款，可与承包人协商签订延期付款协议，经承包人同意后可延期支付，协议应明确延期支付的时间和从工程计量结果确认后第 15 天起计算应付款的利息（利率按同期银行贷款利率计）。

（3）发包人不按合同约定支付工程进度款，双方又未达成延期付款协议，导致施工无法进行，承包人可停止施工，由发包人承担违约责任。

但是，发包人在收到并批准承包商的履约保证之前，工程师不得开具任何支付证书或支付承包商任何款项。在收到承包商的支付申请报表和证明文件后 28 天内，工程师应向发包人签发期中支付证书，列出应支付承包商的金额，并提交详细证明资料。

同时，在颁发工程的接收证书之前，若期中支付证书中的数额在扣除保留金等应扣款额之后，其净值小于投标函附录中规定的期中支付证书的最低限额，则工程师可以不开具期中支付证书，该款项转至下月支付，同时应通知承包商。

3. 工程进度款结算方法

工程进度款是指工程项目开工后，施工企业按照工程施工进度和施工合同的规定，以当月（期）完成的工程量为依据计算各项费用，向建设单位办理结算的工程价款。工程进度款的结算分三种情况，即开工前期、施工中期和工程尾期结算三种。

1）开工前期进度款结算

从工程项目开工，到施工进度累计完成的产值小于“起扣点”，这期间称为开工前期。此时，每月结算的工程进度款应等于当月（期）已完成的产值。其计算公式为：

本月（期）应结算的工程进度款=本月（期）已完成产值

$=\sum$本月已完成工程量×预算单价＋相应收取的其他费用　（7.5）

2）施工中期进度款结算

当工程施工进度累计完成的产值达到“起扣点”以后，至工程竣工结束前一个月，这期间称为施工中期。此时，每月结算的工程进度款，应扣除当月（期）应扣回的工程预付备料款。其计算公式为：

本月（期）应抵扣的预付备料款

=本月（期）已完成产值×主材费所占比重　（7.6）

本月（期）应结算的工程进度款

=本月（期）已完成产值-本月（期）应抵扣的预付备料款

=本月（期）已完成产值×（1-主材费所占比重）　（7.7）

对于“起扣点”恰好处于本月完成产值的当月，其计算公式为：

“起扣点”当月应抵扣的预付备料款
=（累计完成产值-起扣点）×主材费所占比重 （7.8）

“起扣点”当月应结算的工程进度款
=本月（期）已完成产值-（累计完成产值-起扣点）×主材费所占比重 （7.9）

3）工程尾期进度款结算

按照国家有关规定，工程项目总造价中应预留一定比例的尾留款作为质量保修费用，又称“质量保证金”。待工程项目保修期结束后，视保修情况最后支付。

有关保留款应如何扣除，一般有两种做法：

（1）当工程进度款拨付累计额达到该建筑安装工程造价的一定比例（一般为 95%～97% 左右）时，停止支付，预留造价部分作为保留款。

应扣质量保证金 = 工程合同造价×质量保证金比例 （7.10）

最后月（期）应结算的工程尾款
=最后月（期）完成产值×（1-主材费所占比重）-应扣质量保证金 （7.11）

（2）从竣工结算款中一次性扣留。

【例 7.2】某企业承包的建筑工程合同造价为 780 万元。双方签订的合同规定工程工期为五个月；工程预付备料款额度为工程合同造价的 20%；工程进度款逐月结算；经测算其主要材料费所占比重为 60%；工程质量保证金为工程合同造价的 5%；如表 7.1 所示。

表 7.1　某承包单位各月实际完成的产值

月　份	三月	四月	五月	六月	七月	合计
完成产值/万元	95	130	175	210	70	780

问题：1. 该工程的预付款为多少？

2. 该工程预付款起扣点是多少？从第几个月开始起扣？

3. 该工程各月结算工程款是多少？

【解】问题 1：该工程的预付备料款=780×20%=156（万元）

问题 2：起扣点$=780-\dfrac{156}{60\%}=520$（万元）

问题 3：（1）开工前期每月应结算的工程款，按计算公式计算结果如表 7.2。

表 7.2　某工程每月应结算的工程款

月　份	三月	四月	五月
完成产值	95	130	175
当月应付工程款	95	130	175
累计完成的产值	95	225	400

以上三、四、五月份累计完成的产值均未超过起扣点（520 万元），故无须抵扣工程预付备料款。

（2）施工中期进度款结算：

六月份累计完成的产值 = 400 + 210 = 610（万元）> 起扣点（520 万元）

故从六月份开始应从工程进度款中抵扣工程预付的备料款。

六月份应抵扣的预付备料款 =（610 – 520）×60% = 54（万元）

六月份应结算的工程款=210 – 54=156（万元）

（3）工程尾期进度款结算：

应扣质量保证金 = 780×5% = 39（万元）

七月份办理竣工结算时，应结算的工程尾款为：工程尾款 = 170×（1 – 60%）– 39=29（万元）

（4）由上述计算结果可知：

各月累计结算的工程进度款 = 95 + 130 + 175 + 156 + 29 = 585（万元）

再加上工程预付备料款 156 万元和保留金 39 万元，共计 780 万元。

7.1.4 质量保证金

1. 质量保证金的概念

质量保证金是指发包人与承包人在建设工程承包合同中约定，从应付的工程款中预留，用以保证承包人在缺陷责任期内（即质量保修期）对建设工程出现的缺陷进行维修的资金，又称工程保修金。按有关规定，工程项目造价中都应预留出一定的尾留款作为质量保修费用，待工程项目保修期结束后付款。

缺陷责任期一般为六个月、十二个月或二十四个月，具体可由发、承包双方在合同中约定。缺陷责任期内，由承包人原因造成的缺陷，承包人应负责维修，并承担鉴定及维修费用。如承包人不维修也不承担费用，发包人可按合同约定扣除保证金，并由承包人承担违约责任。承包人维修并承担相应费用后，不免除对工程的一般损失赔偿责任。

2. 质量保证金的扣除

发包人应按照合同约定的质量保证金比例从结算款中扣留质量保证金。全部或者部分使用政府投资的建设项目，按工程价款结算总额 5%左右的比例预留保证金，社会投资项目采用预留保证金方式的，预留保证金的比例可以参照执行。发包人与承包人应该在合同中约定保证金的预留方式及预留比例，建设工程竣工结算后，发包人应按照合同约定及时向承包人支付工程结算价款并预留保证金。一般质量保证金的扣除有两种方法：

（1）在工程进度款拨付累计金额达到该工程合同额的一定比例（一般为 95% ~ 97%）时，停止支付，预留部分作为保修金。

（2）从发包方向承包商第一次支付的工程进度款开始，在每次承包商应得的工程款中扣留规定的金额作为保修金，直至保修金总额达到规定的限额为止。

承包人未按照合同约定履行属于自身责任的工程缺陷修复义务的，发包人有权从质量保证金中扣留用于缺陷修复的各项支出。若经查验，工程缺陷属于发包人原因造成的，应由发包人承担查验和缺陷修复的费用。

3. 质量保证金的返还

缺陷责任期满后，承包人向发包人申请返还保证金。发包人在接到承包人返还保证金申请后，应于 14 日内会同承包人按照合同约定的内容进行核实。如无异议，发包人应当在核实后 14 日内将保证金返还给承包人。保证金的返还一般分为两次进行。当颁发整个工程的移交证书（竣工验收合格）时，将一半保证金返还给承包商；当工程的缺陷责任期（质保期）满时，另一半保证金由工程师开具证书付给承包商。

承包商已向发包方出具履约保函或其他保证的，可以不留保证金。

7.1.5 工程竣工结算的审查

工程竣工结算分为单位工程竣工结算、单项工程竣工结算和建设项目竣工总结算。单位工程竣工结算由承包人编制，发包人审查；实行总承包的工程，由具体承包人编制，在总包人审查的基础上，发包人审查。单项工程竣工结算、建设项目竣工总结算由总承包人编制，发包人可直接进行审查，也可以委托具有相应资质的工程造价咨询机构进行审查。政府投资项目，由同级财政部门审查。

工程结算的审查应依据施工发承包合同约定的结算方法进行，根据施工发承包合同类型，采用不同的审查方法。采用总价合同的，应在合同价的基础上对设计变更、工程洽商以及工程索赔等合同约定可以调整的内容进行审查；采用单价合同的，应审查施工图以内的各个分部分项工程量，依据合同约定的方式审查分部分项工程价格，并对设计变更、工程洽商、工程索赔等调整内容进行审查；采用成本加酬金合同的，应依据合同约定的方法审查各个分部分项工程以及设计变更、工程洽商等内容的工程成本，并审查酬金及有关税费的取定。

工程竣工结算审查的内容主要有：

（1）建设工程发承包合同及其补充合同的合法性和有效性。

（2）施工发承包合同范围以外调整的工程价款。

（3）分部分项、措施项目、其他项目工程量及单价。

（4）发包人单独分包工程项目的界面划分和总包人的配合费用。

（5）工程变更、索赔、奖励及违约费用。

（6）取费、税金、政策性调整以及材料差价计算。

（7）实际施工工期与合同工期发生差异的原因和责任，以及对工程造价的影响程度。

（8）其他涉及工程造价的内容。

7.1.6 工程竣工结算实例

【例 7.3】某施工单位承包某工程项目，甲乙双方签定的关于工程价款的合同内容有：

1. 建筑安装工程造价 660 万元，建筑材料及设备费占施工产值的比重为 60%。

2. 工程预付款为建筑安装工程造价的 20%。工程实施后，工程预付款从未施工工程尚需的建筑材料及设备费相当于工程预付款数额时起扣，从每次结算工程价款中按材料和设备占施工产值的比重扣抵工程预付款，竣工前全部扣清。

3. 工程进度款逐月计算。

4. 工程质量保证金为建筑安装工程造价的 3%，竣工结算月一次扣留。

5. 建筑材料和设备费价差调整按当地工程造价管理部门有关规定执行（按当地工程造价管理部门有关规定上半年材料和设备价差上调 10%，在 6 月份一次调增）。

工程各月实际完成产值如表 7.3。

表 7.3　各月实际完成产值　　单位：万元

月份	二	三	四	五	六
完成产值	55	110	165	220	110

问题：

1. 通常工程竣工结算的前提是什么？

2. 工程价款结算的方式有哪几种？

3. 该工程的工程预付款、起扣点为多少？

4. 该工程 2 月至 5 月每月拨付工程款为多少？累计工程款为多少？

5. 6 月份办理工程竣工结算，该工程结算造价为多少？甲方应付工程结算款为多少？

6. 该工程在保修期间发生屋面漏水，甲方多次催促乙方修理，乙方一再拖延，最后甲方另请施工单位修理，修理费 1.5 万元，该项费用如何处理？

【解】问题 1：

答：工程竣工结算的前提条件是承包商按照合同规定的内容全部完成所承包的工程，并符合合同要求，经相关部门联合验收质量合格。

问题 2：

答：工程价款的结算方式主要分为按月结算、分段结算、竣工后一次结算和双方约定的其他结算方式。

问题 3：

解：工程预付款：660 万元×20%=132（万元）

起扣点：$660-\dfrac{132}{60\%}=440$（万元）

问题 4：

各月拨付工程款如表 7.4 所示。

表 7.4　工程价款支付过程表　　单位：万元

月份	二	三	四	五	六
完成产值	55	110	165	220	110
工程款	55	110	165	154	
累计工程款	55	165	330	484	

表 7.4 中：

2 月：工程款 55 万元，累计工程款 55 万元

3 月：工程款 110 万元，累计工程款=55+110=165 万元

4 月：工程款 165 万元，累计工程款=165+165=330 万元

5 月：工程款 220 万元 –（220 万元+330 万元 – 440 万元）×60%=154 万元

累计工程款=330+154=484 万元

问题 5：

答：工程结算总造价为：660 万元+660 万元×0.6×10%=699.6 万元

甲方应付工程结算款：699.6 万元–484 万元–（699.6 万元×3%）–132 万元=62.612 万元

问题 6：

答：1.5 万元维修费应从乙方（承包方）的质量保证金中扣除。

【例 7.4】某项工程业主与承包商签订了工程承包合同，合同中含有两个子项工程，估算工程量甲项为 2 300 m³，乙项为 3 200 m³，经协商甲项单价为 180 元/m³，乙项单价为 160 元/m³。承包合同规定：

1. 开工前业主应向承包商支付工程合同价 20%的预付款。

2. 业主自第一个月起，从承包商的工程款中，按 5%的比例扣留质量保证金。

3. 当子项工程累计实际工程量超过估算工程量 10%时，可进行调价，调价系数为 0.9。

4. 造价工程师每月签发付款凭证最低金额为 25 万元。

5. 预付款在最后两个月平均扣除。承包商每月实际完成并经签证确认的工程量如表 7.5 所示。

表 7.5　月实际完成并经确认的工程量　　单位：m³

月份	1	2	3	4
甲　项	500	800	800	600
乙　项	700	900	800	600

问题：

1. 工程预付款是多少？

2. 每月工程价款是多少？造价工程师应签证的工程款是多少？实际应签发的付款凭证金额是多少？

【解】问题 1：

预付款金额为：（2300×180 + 3200×160）×20%=18.52（万元）

问题 2：

（1）第一个月工程量价款为：500×180 + 700×160=20.2（万元）

应签证的工程款为：20.2×0.95=19.19 万元<25 万元，第一个月不予签发付款凭证。

（2）第二个月工程量价款为：800×180 + 900×160=28.8（万元）

应签证的工程款为：28.8×0.95=27.36 万元，19.19 + 27.36=46.55 万元>25 万元

实际应签发的付款凭证金额为 46.55 万元。

（3）第三个月工程量价款为：800×180 + 800×160=27.2（万元）

应签证的工程款为：27.2×0.95=25.84 万元>25 万元

应扣预付款为：18.52×50%=9.26（万元）

应付款为：25.84 – 9.26=16.58 万元<25 万元，第三个月不予签发付款凭证。

（4）第四个月甲项工程累计完成工程量为 2 700 m³，比原估算工程量超出 400 m³，已超出估算工程量的 10%，超出部分其单价应进行调整。

超过估算工程量10%的工程量为：2 700 – 2 300×（1 + 10%）=170（m^3）
这部分工程量单价应调整为：180×0.9=162（元/ m^3）
甲项工程工程量价款为：（600 – 170）×180 + 170×162=10.494（万元）
乙项工程累计完成工程量为3 000 m^3，没有超过原估算工程量。
没超出估算工程量，其单价不予进行调整。
乙项工程工程量价款为：600×160=9.6（万元）
本月完成甲、乙两项工程量价款为：10.494 + 9.6=20.094（万元）
应签证的工程款为：20.094×0.95=19.09（万元）
本月实际应签发的付款凭证金额为：16.58 + 19.09 – 18.52×50%=25.84（万元）

7.2 工程竣工决算

7.2.1 工程竣工决算的概念

建设项目竣工决算是以实物数量和货币指标为计量单位，综合反映竣工项目从筹建开始到项目竣工交付使用为止的全部建设费用、建设成果和财务情况的总结性文件，是反映建设项目实际造价和投资效果的文件。

7.2.2 工程竣工决算的作用

（1）反映实际基本建设投资额及其投资效果。
（2）是核算新增固定资产和流动资金价值的依据。
（3）是国家或主管部门验收小组验收工程项目和使之交付使用的重要财务成本依据。

7.2.3 工程竣工决算的编制依据

编制竣工决算的主要依据资料：
（1）经批准的可行性研究报告和投资估算书。
（2）经批准的初步设计或扩大初步设计及其概算或修正概算书。
（3）经批准的施工图设计及其施工图预算书。
（4）设计交底或图纸会审会议纪要。
（5）标底、承包合同、工程结算资料。
（6）施工记录或施工签证单及其他施工发生的费用记录，如索赔报告与记录等停（交）工报告。
（7）竣工图及各种竣工验收资料。
（8）历年基建资料、财务决算及批复文件。
（9）设备、材料调价文件和调价记录。

（10）经上级指派或委托社会专业中介机构审核各方认可的施工结算书。

（11）有关财务核算制度、办法和其他有关资料、文件等。

7.2.4 工程竣工决算的主要内容

竣工决算是由竣工财务决算说明书、竣工财务决算报表、工程竣工图和工程竣工造价对比分析四部分组成。前两部分又称建设项目竣工财务决算，是竣工决算的核心内容。

1. 竣工财务决算说明书

包括：（1）基本建设项目概况。

（2）会计账务的处理、财产物资清理及债权债务的清偿情况。

（3）基建结余资金等分配情况。

（4）主要技术经济指标的分析、计算情况。

（5）基本建设项目管理及决算中存在的问题、建议。

（6）决算与概算的差异和原因分析。

（7）需要说明的其他事项。

2. 竣工财务决算报表

（1）基本建设项目概况表，如表7.6所示。

该表综合反映基本建设项目的基本概况，内容包括该项目总投资、建设起止时间、新增生产能力、主要材料消耗、建设成本、完成主要工程量和主要技术经济指标，为全面考核和分析投资效果提供依据。

表7.6 基本建设项目概况表

<table>
<tr><td>建设项目（单项工程）名称</td><td colspan="2"></td><td>建设地址</td><td colspan="2"></td><td rowspan="9">基建支出</td><td>项目</td><td>概算/元</td><td>实际/元</td><td>备注</td></tr>
<tr><td rowspan="2">主要设计单位</td><td colspan="2" rowspan="2"></td><td rowspan="2">主要施工企业</td><td colspan="2" rowspan="2"></td><td>建筑安装工程费</td><td></td><td></td><td></td></tr>
<tr><td>设备、工具、器具</td><td></td><td></td><td></td></tr>
<tr><td rowspan="2">占地面积</td><td>设计</td><td>实际</td><td rowspan="2">总投资/万元</td><td>设计</td><td>实际</td><td>待摊投资</td><td></td><td></td><td></td></tr>
<tr><td></td><td></td><td></td><td></td><td>其中：
建设单位管理费</td><td></td><td></td><td></td></tr>
<tr><td rowspan="2">新增生产能力</td><td colspan="3" rowspan="2">能力（效益）名称</td><td>设计</td><td>实际</td><td>其他投资</td><td></td><td></td><td></td></tr>
<tr><td></td><td></td><td>待核销基建支出</td><td></td><td></td><td></td></tr>
<tr><td rowspan="2">建设起止时间</td><td colspan="2">设计</td><td colspan="3">从 年 月开工至 年 月竣工</td><td>非经营项目转出投资</td><td></td><td></td><td></td></tr>
<tr><td colspan="2">实际</td><td colspan="3">从 年 月开工至 年 月竣工</td><td>合计</td><td></td><td></td><td></td></tr>
<tr><td>设计概算批准文号</td><td colspan="10"></td></tr>
<tr><td rowspan="3">完成主要工程量</td><td colspan="5">建设规模</td><td colspan="5">设备（台、套、吨）</td></tr>
<tr><td colspan="3">设计</td><td colspan="2">实际</td><td colspan="2">设计</td><td colspan="3">实际</td></tr>
<tr><td colspan="3"></td><td colspan="2"></td><td colspan="2"></td><td colspan="3"></td></tr>
<tr><td rowspan="2">收尾工程</td><td colspan="3">工程项目、内容</td><td colspan="2">已完成投资额</td><td colspan="2">尚需投资额</td><td colspan="3">完成时间</td></tr>
<tr><td colspan="3"></td><td colspan="2"></td><td colspan="2"></td><td colspan="3"></td></tr>
</table>

（2）基本建设项目竣工财务决算表，如表 7.7 所示。

竣工财务决算表是竣工财务决算报表的一种，大中型建设项目竣工财务决算表是用来反映建设项目的全部资金来源和资金占用情况，是考核和分析投资效果的依据。该表反映竣工的大中型建设项目从开工到竣工为止全部资金来源和资金运用的情况。它是考核和分析投资效果，落实结余资金，并作为报告上级核销基本建设支出和基本建设拨款的依据。在编制该表前，应先编制出项目竣工年度财务决算，根据编制出的竣工年度财务决算和历年财务决算编制项目的竣工财务决算。

此表采用平衡表形式，即资金来源合计等于资金支出合计。

表 7.7　基本建设项目竣工财务决算表　　单位：元

资金来源	金额	资金占用	金额
一、基建拨款		一、基本建设支出	
1. 预算拨款		1. 交付使用资产	
2. 基建基金拨款		2. 在建工程	
其中：国债专项资金拨款		3. 待核销基建支出	
3. 专项建设基金拨款		4. 非经营性项目转出投资	
4. 进口设备转账拨款		二、应收生产单位投资借款	
5. 器材转账拨款		三、拨付所属投资借款	
6. 煤代油专用基金拨款		四、器材	
7. 筹资金拨款		其中：待处理器材损失	
8. 其他拨款		五、货币资金	
二、项目资本金		六、预付及应收款	
1. 国家资本		七、打价证券	
2. 法人资本		八、固定资产	
3. 个人资本固定资产原值			
4. 外商资本			
三、项目资本公积		减：累计折旧	
四、基建借款		固定资产净值	
其中：国债转贷		固定资产清理	
五、上级拨入投资借款		待处理固定资产损失	
六、企业债券资金			
七、待冲基建支出			
八、应付款			
九、未交款			
1. 未交税金			
2. 其他未交款			
十、上级拨人资金			
十一、留成收入			
合计		合计	

（3）基本建设项目交付使用资产总表，如表 7.8 所示。

该表反映建设项目建成后新增固定资产、流动资产、无形资产和其他资产价值的情况和价值，作为财产交接、检查投资计划完成情况和分析投资效果的依据。

表 7.8　基本建设项目交付使用资产总表　　单位：元

序号	单项工程项目名称	总计	固定资产				流动资产	无形资产	其他资产
			合计	建安工程	设备	其他			

交付单位：　　负责人：　　接受单位：　　负责人：

盖　章　　年　月　日　　盖　章　　年　月　日

（4）基本建设项目交付使用资产明细表，如表 7.9 所示。

该表反映交付使用的固定资产、流动资产、无形资产和其他资产及其价值的明细情况，是办理资产交接和接收单位登记资产账目的依据，是使用单位建立资产明细账和登记新增资产价值的依据。

表 7.9　基本建设项目交付使用资产明细表

单项工程名称	建筑工程			设备、工具、器具、家具						流动资产		无形资产		其他资产	
	结构	面积/m²	价值/元	名称	规格型号	单位	数量	价值/元	设备安装费	名称	价值/元	名称	价值/元	名称	价值/元

3. 建设工程竣工图

编制竣工图的形式和深度，应根据不同情况区别对待，其具体要求包括：

（1）凡按图竣工没有变动的，由承包人在原施工图上加盖“竣工图”标志后，即作为竣工图。

（2）凡在施工过程中，虽有一般性设计变更，但能将原施工图加以修改补充作为竣工图的，可不重新绘制，由承包人负责在原施工图（必须是新蓝图）上注明修改的部分，并附以设计变更通知单和施工说明，加盖“竣工图”标志后，作为竣工图。

（3）凡有重大改变，不宜再在原施工图上修改、补充时，应重新绘制改变后的竣工图。由原设计原因造成的，由设计单位负责重新绘制；由施工原因造成的，由承包人负责重新绘图；由其他原因造成的，由建设单位自行绘制或委托设计单位绘制。承包人负责在新图上加盖“竣工图”标志，并附以有关记录和说明，作为竣工图。

4. 工程造价比较分析

（1）考虑主要实物工程量。
（2）考虑主要材料消耗量。
（3）考核建设单位管理费、措施费和间接费的取费标准。

7.2.5 工程竣工决算的编制步骤

竣工决算的编制应按下列步骤进行：
（1）收集、整理和分析有关依据资料。
（2）清理各项财务、债务和结余物资。
（3）核实工程变动情况。
（4）编制建设工程竣工决算说明。
（5）填写竣工决算报表。
（6）作好工程造价对比分析。
（7）清理、装订好竣工图。
（8）上报主管部门审查。

7.2.6 竣工决算的编制实例

【例 7.5】某大中型建设项目 2013 年开工建设，2015 年年底有关财务核算资料如下：
1. 已经完成部分单项工程，经验收合格后，已经交付使用的资产包括：
（1）固定资产价值 95 560 万元。
（2）为生产准备的使用期限在一年以内的备品备件、工具、器具等流动资产价值 50 000 万元，期限在一年以上，单位价值在 1 500 元以上的工具 100 万元。
（3）建造期间购置的专利权、专有技术等无形资产 2 000 万元，摊销期 5 年。
2. 基本建设支出的未完成项目包括：
（1）建筑安装工程支出 16 000 万元。
（2）设备工器具投资 48 000 万元。
（3）建设单位管理费、勘察设计费等待摊投资 2 500 万元。
（4）通过出让方式购置的土地使用权形成的其他投资 120 万元。
3. 非经营项目发生待核销基建支出 60 万元。
4. 应收生产单位投资借款 1 500 万元。
5. 购置需要安装的器材 60 万元，其中待处理器材 20 万元。
6. 货币资金 500 万元。
7. 预付工程款及应收有偿调出器材款 22 万元。
8. 建设单位自用的固定资产原值 60 550 万元，累计折旧 10 022 万元。

9. 反映在“资金平衡表”上的各类资金来源的期末余额是：

（1）预算拨款 70 000 万元。

（2）自筹资金拨款 72 000 万元。

（3）其他拨款 500 万元。

（4）建设单位向商业银行借入的贷款 121 000 万元。

（5）建设单位当年完成交付生产单位使用的资产价值中，500 万元属于利用投资借款形成的待冲基建支出。

（6）应付器材销售商 80 万元贷款和尚未支付的应付工程款 2 820 万元。

（7）未交税金 50 万元。

问题：根据上述有关资料编制该项目竣工财务决算表。

【解】根据上述有关资料编制的项目竣工财务决算表，如表 7.10 所示。

表 7.10　大、中型建设项目竣工财务决算表

建设项目名称：××建设项目　　　　单位：万元

资金来源	金额	资金占用	金额
一、基建拨款	142 500	一、基本建设支出	214 340
1. 预算拨款	70 000	1. 交付使用资产	147 660
2. 基建基金拨款		2. 在建工程	66 620
其中：国债专项资金拨款		3. 待核销基建支出	60
3. 专项建设基金拨款		4. 非经营性项目转出投资	
4. 进口设备转账拨款		二、应收生产单位投资借款	1 500
5. 器材转账拨款		三、拨付所属投资借款	
6. 煤代油专用基金拨款		四、器材	60
7. 自筹资金拨款	72 000	其中：待处理器材损失	20
8. 其他拨款	500	五、货币资金	500
二、项目资本金		六、预付及应收款	22
1. 国家资本		七、打价证券	
2. 法人资本		八、固定资产	50 528
3. 个人资本固定资产原值	60 550		
4. 外商资本			
三、项目资本公积		减：累计折旧	10 022
四、基建借款		固定资产净值	50 528
其中：国债转贷	121 000	固定资产清理	
五、上级拨入投资借款		待处理固定资产损失	
六、企业债券资金			
七、待冲基建支出	500		
八、应付款	2 900		

续表

资金来源	金额	资金占用	金额
九、未交款	50		
1. 未交税金	50		
2. 其他未交款			
十、上级拨入资金			
十一、留成收入			
合计	266 950	合计	266 950

习题与思考题

1. 什么是工程预付款？工程预付款的起扣点如何计算？

2. 工程预付款如何扣回？

3. 工程价款结算有哪几种方式？

4. 简述工程进度款的支付步骤。

5. 工程竣工结算的编制应遵循什么原则？其编制依据有哪些？

6. 工程竣工结算有何作用？

7. 什么是竣工决算？建设项目竣工决算的编制依据有哪些？

8. 建设项目竣工决算包括哪些内容？

9. 简述建设项目竣工决算的编制步骤。

10. 某省一建设工程项目由A、B、C、D四个分项工程组成，合同工期为6个月。施工合同规定：

（1）开工前建设单位向施工单位支付10%的工程预付款，工程预付款在4、5、6月份结算时分月均摊抵扣。

（2）质量保证金为合同总价的5%，每月从施工单位的工程进度款中扣留10%，扣完为止。

（3）工程进度款逐月结算，不考虑物价调整。

（4）分项工程累计实际完成工程量超出计划完成工程量的20%时，该分项工程工程量超出部分的结算单价调整系数为0.95。

（5）各月计划完成工程量及全费用单价，如表7.11所示。1、2、3月份实际完成的工程量，如表7.12所示。

表7.11 月计划完成工程量及全费用单价表

分项工程名称（工程量 m^3）/月份	1	2	3	4	5	6	全费用单价/（元/m^3）
A	500	750					180
B		600	800				480
C			900	1 100	1 100		360
D					850	950	300

表 7.12　1～3 月份实际完成的工程量　　m^3

分项工程名称（工程量 m^3）/月份	1	2	3	4	5	6
A	560	550				
B		680	1 050			
C			450	1 100		
D						

问题：

1. 该工程预付款为多少万元?应扣留的保留金为多少万元?

2. 各月应抵扣的预付款各是多少万元?

3. 根据表 7.7、表 7.8 提供的数据，计算 1、2、3 月份造价工程师应确认的工程进度款各为多少万元?

11. 背景：某项工程项目业主与承包商签订了工程施工承包合同。合同中估算工程量为 5 300 m^3，全费用单价为 180 元/m^3。合同工期为 6 个月。有关付款条款如下：

（1）开工前业主应向承包商支付估算合同总价 20%的工程预付款。

（2）业主自第一个月起，从承包商的工程款中，按 5%的比例扣留质量保证金。

（3）当累计实际完成工程量超过（或低于）估算工程量的 10% 时，可进行调价，调价系数为 0.9（或 1.1）。

（4）每月支付工程款最低金额为 15 万元。

（5）工程预付款从乙方获得累计工程款超过估算合同价的 30%以后的下一个月起，至第 5 个月均匀扣除。

承包商每月实际完成并经签证确认的工程量如表 7.13 所示。

表 7.13　每月实际完成工程量

月　份	1	2	3	4	5	6
完成工程量/m^3	800	1 000	1 200	1 200	1 200	500
累计完成工程量/m^3	800	1 800	3 000	4 200	5 400	5 900

问题：

1. 估算合同总价为多少?

2. 工程预付款为多少？工程预付款从哪个月起扣留？每月应扣工程预付款为多少?

3. 每月工程量价款为多少？业主应支付给承包商的工程款为多少?

参考文献

[1] 中华人民共和国住房和城乡建设部，中华人民共和国质量监督检验检疫总局．GB 50500—2013 建设工程工程量清单计价规范[S]．北京：中国计划出版社，2013．

[2] 中华人民共和国住房和城乡建设部，中华人民共和国质量监督检验检疫总局．GB 50854—2013 房屋建筑与装饰工程工程量计算规范．北京：中国计划出版社，2013．

[3] 中华人民共和国住房和城乡建设部，财政部．建标〔2013〕44 号关于印发《建筑安装工程费用项目组成》的通知[Z]．北京：中国计划出版社，2013．

[4] 云南省住房和城乡建设厅．DBJ53/T—58—2013 云南省建设工程造价计价规则及机械仪器表台班费用定额[S]．昆明：云南科技出版社，2013．

[5] 云南省住房和城乡建设厅．DBJ53/T—61—2013 云南省房屋建筑与装饰工程消耗量定额[S]．昆明：云南科技出版社，2013．

[6] 全国造价工程师执业资格考试培训教材编审委员会．建设工程计价[M]．北京：中国城市出版社，2014．

[7] 全国造价工程师执业资格考试培训教材编审委员会．建设工程造价案例分析[M]．北京：中国城市出版社，2014．

[8] 中国建设工程造价管理协会．建设项目投资估算编审规程 CECA/GC 1—2007．北京：中国计划出版社，2007．

[9] 中国建设工程造价管理协会．建设项目设计概算编审规程 CECA/GC 2—2007．北京：中国计划出版社，2007．

[10] 中国建设工程造价管理协会．建设项目施工图预算编审规程 CECA/GC 5—2010．北京：中国计划出版社，2010．

[11] 云南省工程建设技术经济室，云南省建设工程造价管理协会．建筑安装工程定额与造价确定[M]．昆明：云南科技出版社，2015．

[12] 云南省工程建设技术经济室，云南省建设工程造价管理协会．建筑安装工程计量与计价实务[M]．昆明：云南科技出版社，2015．

[13] 张建平．建筑工程计价[M]．重庆：重庆大学出版社，2014．